云计算
架构设计与应用技术研究

朱婕 苏磊 齐运瑞◎著

延边大学出版社

图书在版编目(CIP)数据

云计算架构设计与应用技术研究 / 朱婕, 苏磊, 齐
运瑞著. -- 延吉 : 延边大学出版社, 2019.5
　　ISBN 978-7-5688-6954-6

　　Ⅰ. ①云… Ⅱ. ①朱… ②苏… ③齐… Ⅲ. ①云计算
—研究 Ⅳ. ①TP393.027

中国版本图书馆 CIP 数据核字(2019)第 109496 号

云计算架构设计与应用技术研究

著　　者：朱　婕　苏　磊　齐运瑞
责任编辑：赵德敏
封面设计：吴　倩
出版发行：延边大学出版社
社　　址：吉林省延吉市公园路977号　　　邮　　编：133002
网　　址：http://www.ydcbs.com　　　　E-mail：ydcbs@ydcbs.com
电　　话：0433-2732435　　　　　　　传　　真：0433-2732434
制　　作：山东延大兴业文化传媒有限责任公司
印　　刷：天津雅泽印刷有限公司
开　　本：787×1092　　1/16
印　　张：12.25
字　　数：186千字
版　　次：2020 年 7 月第 1 版
印　　次：2020 年 7 月第 1 次印刷
书　　号：ISBN 978-7-5688-6954-6

定价：67.00 元

前言
PREFACE

云计算的出现，深刻地改变了 IT 行业。从最初的硬件时代，到软件时代，到如今的服务，云计算将 IT 真正带入了服务的时代。云计算是一种计算模式，在这种模式中，应用、数据和 IT 资源以服务的方式通过网络提供给用户使用。云计算也是一种基础架构管理的方法论，大量的计算资源组成 IT 资源池，用于动态创建高度虚拟化的资源供用户使用。

云计算的真正价值在于服务。云计算借助虚拟技术科学整合信息资源，形成巨大的计算与网络存储空间，用户只需通过终端计算机设备连接该网络存储空间即可自行存取所需的信息资源。从这点来看，云计算其实是一种实用的网络服务模式。它实现了资源和计算能力的分布式共享，能够有效缓解急剧增长的网络信息与有限的信息存储能力之间的矛盾冲突。

推动云计算大规模发展的，是云计算的服务给商务带来的价值，如 IaaS、PaaS 和 SaaS。如果没有这些服务带来的价值，云计算也只会像网格计算和分布式计算一样，是实验室里的几项技术，或是某几个公司的产品，而不会成为改变整个 IT 和互联网产业的一个重大变革。

本书着重于云计算构架设计和应用技术的讨论，同时也对云计算服务功能与应用实务进行研究，而不仅仅是单纯地探讨云计算的技术本身。本书在论述云计算构架原理及设计原理的同时，将云计算与各项应用结合起来,并辅以具体的应用实例,深入探讨云计算对各个领域产生的影响及其在各个领域的创新应用。当然,云计算的商业概念与技术虽然重要,但最大的挑战来自云的落地——云计算功能与应用的实现。

目 录
CONTENTS

第一章 云计算技术基础理论

第一节 云计算系统中的虚拟化技术

虚拟化技术实现了物理资源的逻辑抽象表示,可以提高资源的利用率,并能够根据用户业务需求的变化,快速、灵活地进行资源部署。虚拟化是实现云计算的最重要的技术基础。

一、虚拟化概述

虚拟相对于真实,虚拟化就是将原本运行在真实环境下的计算机系统或组件运行在虚拟出来的环境中。一般来说,计算机系统分为若干层次,从下至上包括底层硬件资源、操作系统提供的应用程序编程接口以及运行在操作系统之上的应用程序。虚拟化技术在这些不同层次之间构建虚拟化层,向上提供与真实层次相同或类似的功能,使得上层系统可以运行在该中间层之上。这个中间层解除其上下两层间的耦合关系,使上层的运行不依赖于下层的具体实现。

(一)虚拟化的发展历史

虚拟化技术近年来得到大范围推广和应用,虚拟化概念的提出远远早于云计算,从其诞生的时间看,它的历史源远流长,大体可分为以下几个阶段。

1.萌芽阶段(20世纪60~70年代)

虚拟化的首次提出是在1959年6月国际信息处理大会上,计算机科学家 Christopher Strachey 发表的论文《大型高速计算机中的时间共享》中首次提出并论述了虚拟化技术。20世纪60年代开始,IBM的操作系统虚拟化技术使计算机的资源得到充分利用。随后,IBM及其他几家公司陆续开发了一系列产品。在这个阶段,虚拟计算技术可以充分利用相对昂贵的硬件资源。然而随着技术的进步,计算机硬件越来越便宜,当初的虚拟化技术只在高档服务器(如小型机)中存在。

2.发展阶段(20世纪90年代至今)

20世纪90年代,VMware等软件厂商率先实现了X86服务器架构上的虚拟化,从而开拓了虚拟化应用的市场。最开始的X86虚拟化技术是纯软件模式的"完全虚拟化",一般需要二进制转换来进行虚拟化操作,但虚拟机的性能打了折扣。因此在Xen等项目中出现了"类虚拟化",对操作系统进行代码级修改,但又会带来隔离性等问题。随后,虚拟化技术发展到硬件支持阶段,在硬件级别上实现软件功能,从而大大减少了性能开销,典型的硬件辅助虚拟化技术包括Intel的VT技术和AMD的SVM技术。

(二)虚拟化技术的发展热点和趋势

纵观虚拟化技术的发展历史,可以看到它始终如一的目标就是实现对IT资源的充分利用。因为随着企业的发展,业务和应用不断扩张,基于传统的IT建设方式导致IT系统规模日益庞大,数据中心空间不够用、高耗能,维护成本不断增加;而现有服务器、存储系统等设备又没有被充分利用起来;新的需求又得不到及时的响应,IT基础架构对业务需求反应不灵活,不能有效地调配系统资源以适应业务需求,因此,企业需要建立一种可以降低成本、具有智能化和安全特性并能够及时适应企业业务需求的灵活的、动态的基础设施和应用环境,虚拟化技术的发展热点和趋势不难预料。

从整体上看。目前通过服务器虚拟化实现资源整合是虚拟化技术得到应用的主要驱动力。现阶段,服务器虚拟化的部署远比桌面或者存储虚拟化多。但从整体来看,桌面和应用虚拟化在虚拟化技术的下一步发展中处于优先地位,仅次于服务器虚拟化。

从服务器虚拟化技术本身看。随着硬件辅助虚拟化技术的日趋成熟,以各个虚拟化厂商对自身软件虚拟化产品的持续优化,不同的服务器虚拟化技术在性能差异上日益减小。未来,虚拟化技术的发展热点将主要集中在安全、存储、管理上。

从当前来看。虚拟化技术的应用主要在虚拟化的性能、虚拟化环境的部署、虚拟机的零宕机、虚拟机长距离迁移、虚拟机软件与存储等设备的兼容性等问题上实现突破。

(三)虚拟化技术的概念

虚拟化技术是一种调配计算资源的方法,它将应用系统的不同层面(硬件、软件、数据、网络存储等)隔离起来,从而打破服务器、存储、网络数据和应用的物理设备之间的划分,实现架构动态化,并达到集中管理和动态使用物理资源及虚拟资源,以提高系统结构的弹性和灵活性、降低成本、改进服务、减少管理风险等为目标。可见虚拟化是一个广泛而变化的概念,因此想要给出一个清晰而准确的定义并不是一件容易的事情。目前业界对虚拟化已经产生以下多种定义:虚拟化是表示计算机资源的抽象方法,通过虚拟化可以用与访问抽象方法一样的方法访问抽象后的资源。这种资源的抽象方法并不受实现、地理位置或底层设置的限制;维基百科上给虚拟化的定义是为某些事物创造的虚拟(相对于真实)版本,比如操作系统、存储设备和网络资源等;信息技术术语库中虚拟化的定义是为一组类似资源提供一个通用的抽象接口集,从而隐藏它们之间的差异,并允许通过一种通用的方式来查看并维护资源。通过上面的定义可以看出,虚拟化包含了以下三层含义:①虚拟化的对象是各种各样的资源;②经过虚拟化后的逻辑资源对用户隐藏了不必要的细节;③用户可以在虚拟环境中实现其在真实环境中的部分或者全部功能。

虚拟化的对象涵盖范围很广,可以是各种硬件资源,如CPU、内存、存储、网络,也可以是各种软件环境,如操作系统、文件系统、应用程序等。通过虚拟化向上层隐藏了如何在硬盘上进行内存交换、文件读写,如何在内存与硬盘之间实现统一寻址和换入换出等细节。对于使用虚拟内存的应用程序来说,它们仍然可以用一致的分配、访问和释放的指令对虚拟内存进行操作,就如同在访问真实存在的物理内存一样。

虚拟化简化了表示、访问和管理多种IT资源,包括基础设施、系统和软件等,并为这些资源提供标准的接口来接收输入和提供输出。虚拟化的使用者可以是最终用户、应用程序或者是服务。通过标准接口,虚拟化可以在IT基础设施发生变化时降低对使用者的影响程度。由于与虚拟资源进行交互的方式没有变化,即使底层资源的实现方式已经发生了改变,最终用户仍然可以重用原有的接口。虚拟化降低了资源使用者与资源具体实现之间的耦合程度,让使用者不再依赖于某种资源的实现,极大地方便了系统管理员对IT资源的维护与升级。[①]

二、虚拟化的分类

虚拟化技术已经成为一个庞大的技术家族,其形式多种多样,实现的应用也已形成体系。但对其分类,从不同的角度有不同分类方法。从实现的层次角度可以分为基础设施虚拟化、系统虚拟化、软件虚拟化;从应用领域的角度可分为服务器虚拟化、存储虚拟化、应用虚拟化、网络虚拟化和桌面虚拟化。

(一)从实现的层次分类

虚拟化技术的虚拟对象是各种各样的IT资源,按照这些资源所处的层次,可以划分出不同类型的虚拟化,即基础设施虚拟化、系统虚拟化、软件虚拟化。目前,我们接触最多的就是系统虚拟化。例如,VMware Workstation在PC上虚拟出一个逻辑系统,用户可以在这个虚拟系统上安装和使用另一个操作系统及其上的应用程序,就如同在使用一台独立计算机。这样的虚拟系统称为"虚拟机",像这样的VMware Workstation软件是虚拟化套件,负责虚拟机的创建、运行和管理。这仅仅是虚拟化技术的一部分,接下来从层次上介绍几种虚拟化技术。

1.基础设施虚拟化

网络、存储和文件系统同为支撑信息系统运行的重要基础设施,因此根据IBM"虚拟化和云计算"小组的观点,将相关硬件(CPU、内存、硬盘、声卡、显卡、光驱)虚拟化、网络虚拟化、存储虚拟化、文件虚拟化归类为基础设施虚拟化。

硬件虚拟化是用软件虚拟一台标准计算机硬件配置,如CPU、内存、硬盘、声卡、显卡、光驱等,成为一台虚拟裸机,可以在其上安装虚拟系

---

①游小明, 罗光春. 云计算原理与实践[M]. 北京:机械工业出版社,2013.

统,代表产品有 VMware、Virtual PC、Virtual Box 等。

网络虚拟化将网络的硬件和软件资源整合,向用户提供网络连接的虚拟化技术。网络虚拟化可以分为局域网络虚拟化和广域网络虚拟化。在局域网络虚拟化技术中,多个本地网络被组合成为一个逻辑网络,或者一个本地网络被分割为多个逻辑网络,提高企业局域网或者内部网络的使用效率和安全性,其典型代表是虚拟局域网(virtual local area network,VLAN)。广域网络虚拟化,应用最广泛的是虚拟专网(virtual private network,VPN)。虚拟专网抽象网络连接,使得远程用户可以安全地访问内部网络,并且感觉不到物理连接和虚拟连接的差异。

存储虚拟化是为物理的存储设备提供统一的逻辑接口,用户可以通过统一逻辑接口来访问被整合的存储资源。存储虚拟化主要有基于存储设备的虚拟化和基于网络的存储虚拟化两种主要形式。基于存储设备的虚拟化,主要有磁盘阵列技术(redundant array disks,RAID),它是基于存储设备的存储虚拟化的典型代表,通过将多块物理磁盘组成为磁盘阵列,实现了一个统一的、高性能的容错存储空间。存储区域网(storage area network,SAN)和网络存储(network attached storage,NAS)是基于网络的存储虚拟化技术的典型代表。SAN 是计算机信息处理技术中的一种架构,它将服务器和远程的计算机存储设备(如磁盘阵列、磁带库)连接起来,使得这些存储设备看起来就像是本地一样。与 SAN 相反,NAS 使用基于文件(file - based)的协议,如 NFS、SMB/CIFS 等,在这里仍然是远程存储,但计算机请求的是抽象文件中的一部分,而不是一个磁盘块。

文件虚拟化是指把物理上分散存储的众多文件整合为一个统一的逻辑接口,以方便用户访问,提高文件管理效率。用户通过网络访问数据,不需要知道真实的物理位置,也能够在一个控制台管理分散在不同位置存储于异构设备的数据。

2.系统虚拟化

目前对于大多数熟悉或从事 IT 工作的人来说,系统虚拟化是最被广泛接受和认识的一种虚拟化技术。系统虚拟化实现了操作系统和物理计算机的分离,使得在一台物理计算机上可以同时安装和运行一个或多个虚拟操作系统。与使用直接安装在物理计算机上的操作系统相比,用户不能感觉出显著差异。

系统虚拟化使用虚拟化软件在一台物理机上虚拟出一台或多台虚拟机(virtual machine,VM)。虚拟机是指使用系统虚拟化技术,运行在一个隔离环境中、具有完整的硬件功能的逻辑计算机系统。在系统虚拟化环境中,多个操作系统可以在同一台物理机上同时运行,复用物理机资源,互不影响。虚拟运行环境都需要为在其上运行的虚拟机提供一套虚拟的硬件环境,包括虚拟的处理器、内存、设备与I/O及网络接口等。同时,虚拟运行环境也为这些操作系统提供了硬件共享、统一管理、系统隔离等诸多特性。

系统虚拟化技术在日常应用的PC中具有丰富的应用场景。例如,一个用户使用的是Windows系统的PC,但需要使用一个只能在Linux下运行的应用程序,可以在PC上虚拟出一个虚拟机安装Linux操作系统,这样就可以使用他所需要的应用程序了。

系统虚拟化更大的价值在于服务器虚拟化。目前,大量应用X86服务器完成各种网络应用。大型的数据中心中往往托管了数以万计的X86服务器,出于安全性和可靠性,通常每个服务器基本只运行一个应用服务,导致了服务器利用率低下,大量的计算资源被浪费。如果在同一台物理服务器上虚拟出多个虚拟服务器,每个虚拟服务器运行不同的服务,这样便可提高服务器的利用率,减少机器数量,降低运营成本、存储空间及电能,从而达到既经济又环保的目的。

除了在PC和服务器上采用系统虚拟化以外,桌面虚拟化还解除了PC桌面环境(包括应用程序和文件等)与物理机之间的耦合关系,达到在同一个终端环境运行多个不同系统的目的。经过虚拟化后的桌面环境被保存在远程服务器上,当用户在桌面上工作时,所有的程序与数据都在这个远程的服务器上,用户可以使用具有足够显示能力的兼容设备来访问桌面环境,如PC、手机智能终端。

3.软件虚拟化

除了基础设施虚拟化和系统虚拟化外,还有另一种针对软件平台的虚拟化技术,用户使用的应用程序和编程语言,都存在相对应的虚拟化概念。这类虚拟化技术就是软件虚拟化,主要包括应用虚拟化和高级语言虚拟化。

应用虚拟化将应用程序与操作系统解耦合,为应用程序提供了一个虚拟的运行环境。这个环境不仅包括应用程序的可执行文件,还包括运行所需要的环境。应用虚拟化服务器可以实时地将用户所需的程序组件推送到客端的应用虚拟化运行环境。当用户完成操作关闭应用程序后,所做的更改被上传到服务器集中管理。这样,用户将不再局限于单一的客户端,可以在不同终端使用自己的应用。

高级语言虚拟化,解决的是可执行程序在不同计算平台间迁移的问题。在高级语言虚拟化中,由高级语言编写的程序被编译为标准的中间指令。这些中间指令被解释执行或被动态执行,因而可以运行在不同的体系结构之上。例如,被广泛应用的Java虚拟机技术,它解除下层的系统平台(包括硬件与操作系统)与上层的可执行代码间的耦合,实现跨平台执行。用户编写的Java源程序通过JDK编译成为平台中的字节码,作为Java虚拟机的输入。Java虚拟机将字节码转换为特定平台上可执行的二进制机器代码,从而达到了"一次编译,处处执行"的效果。

(二)从应用的领域分类

从应用的领域来划分,可分为应用虚拟化、桌面虚拟化、服务器虚拟化、网络虚拟化、存储虚拟化。

1.应用虚拟化

应用虚拟化是把应用对底层系统和硬件的依赖抽象出来,从而解除应用与操作系统和硬件的耦合关系。应用虚拟化是SaaS的基础。应用虚拟化需要具备以下功能和特点:

(1)解耦合。利用屏蔽底层异构性的技术解除虚拟应用与操作系统和硬件的耦合关系。

(2)共享性。应用虚拟化可以使一个真实应用运行在任何共享的计算资源上。

(3)虚拟环境。应用虚拟化为应用程序提供了一个虚拟的运行环境,不仅拥有应用程序的可执行文件,还包括所需的运行环境。

(4)兼容性。虚拟应用应屏蔽底层可能与其他应用产生冲突的内容,从而使其具有良好的兼容性。

(5)快速升级更新。真实应用可以快速升级更新,通过流的方式将相对应的虚拟应用及环境快速发布到客户端。

(6)用户自定义。用户可以选择自己喜欢的虚拟应用的特点以及所支持的虚拟环境。

2.桌面虚拟化

桌面虚拟化将用户的桌面环境与其使用的终端设备解耦。服务器上存放的是每个用户的完整桌面环境。桌面虚拟化具有以下功能和接入标准:

(1)集中管理维护。集中在服务器端管理和配置PC环境及其他客户端需要的软件,可以对企业数据、应用和系统进行集中管理、维护和控制,以减少现场支持工作量。

(2)使用连续性。确保终端用户下次在另一个虚拟机上登录时,依然可以继续以前的配置和存储文件内容,让使用具有连续性。

(3)故障恢复。桌面虚拟化是用户的桌面环境被保存为一个个虚拟机,通过对虚拟机进行快照和备份,就可以快速恢复用户的故障桌面,并实时迁移到另一个虚拟机上继续进行工作。

(4)用户自定义。用户可以选择自己喜欢的桌面操作系统、显示风格、默认环境以及其他各种自定义功能。

3.服务器虚拟化

服务器虚拟化技术可以将一个物理服务器虚拟成若干个服务器使用。服务器虚拟化是基础设施即服务(infrastructure as a service,IaaS)的基础。服务器虚拟化需要具备以下功能和技术:

(1)多实例。在一个物理服务器上可以运行多个虚拟服务器。

(2)隔离性。在多实例的服务器虚拟化中,一个虚拟机与其他虚拟机完全隔离,以保证良好的可靠性及安全性。

(3)CPU虚拟化。把物理CPU抽象成虚拟CPU,无论任何时间一个物理CPU只能运行一个虚拟CPU的指令。而多个虚拟机可以同时提供服务将会大大提高物理CPU的利用率。

（4）内存虚拟化。统一管理物理内存,将其包装成多个虚拟的物理内存分别供给若干个虚拟机使用,使得每个虚拟机拥有各自独立的内存空间而互不干扰。

（5）设备与I/O虚拟化。统一管理物理机的真实设备,将其包装成多个虚拟设备给若干个虚拟机使用,响应每个虚拟机的设备访问请求和I/O请求。

（6）无知觉故障恢复。运用虚拟机之间的快速热迁移技术,可以使一个故障虚拟机上的用户在没有明显感觉的情况下迅速转移到另一个新开的正常虚拟机上。

（7）负载均衡。利用调度和分配技术,平衡各个虚拟机和物理机之间的利用率。

（8）统一管理。由多个物理服务器支持的多个虚拟机的动态实时生成、启动、停止、迁移、调度、负荷、监控等应当有一个方便、易用的统一管理界面。

（9）快速部署。整个系统要有一套快速部署机制,对多个虚拟机及上面的不同操作系统和应用进行高效部署、更新和升级。

4.网络虚拟化

网络虚拟化也是基础设施即服务的基础。网络虚拟化是让一个物理网络能够支持多个逻辑网络,虚拟化保留了网络设计中原有的层次结构、数据通道和所能提供的服务,使得最终用户的体验和独享物理网络一样,同时网络虚拟化技术还可以高效地利用网络资源,如空间、能源、设备容量等。网络虚拟化具有以下功能和特点:

（1）网络虚拟化能大幅度节省企业的开销。一般只需要一个物理网络即可满足服务要求。

（2）简化企业网络的运维和管理。

（3）提高了网络的安全性。多套物理网络很难做到安全策略的统一和协调,在一套物理网络可以将安全策略下发到各虚拟网络中,各虚拟网络间是完全的逻辑隔离,一个虚拟网络上操作、变化、故障等不会影响到其他的虚拟网络。

(4)提升了网络和业务的可靠性。如在虚拟网络中可以把多台核心交换机通过虚拟化技术融合为一台,当集群中的一些小的设备故障时对整个业务系统不会有任何影响。

(5)满足新型数据中心应用程序的要求。如云计算、服务器集群技术等新数据中心应用都要求数据中心和广域网有高性能的可扩展的虚拟化能力。企业可以将园区和数据中心内的网络虚拟化,通过广域网扩展到企业分布在各地的小型数据中心、灾备数据中心等。

5.存储虚拟化

存储虚拟化也是基础设施即服务的基础。存储虚拟化将整个云计算系统的存储资源进行统一整合管理,为用户提供一个统一的存储空间存储虚拟化具有以下功能和特点:

(1)集中存储。存储资源统一整合管理,集中存储,形成数据中心模式。

(2)分布式扩展。存储介质易于扩展,由多个异构存储服务器实现分布式存储,以统一模式访问虚拟化后的用户接口。

(3)绿色环保。服务器和硬盘的耗电量巨大,为提供全时段数据访问,存储服务器及硬盘不可以停机。但为了节能减排、绿色环保,需要利用更合理的协议和存储模式,尽可能减少开启服务器和硬盘的次数。

(4)虚拟本地硬盘。存储虚拟化应当便于用户使用,最方便的形式是将云存储系统虚拟成用户本地硬盘,使用方法与本地硬盘相同。

(5)安全认证。新建用户加入云存储系统前,必须经过安全认证并获得证书。

(6)数据加密。为保证用户数据的私密性,将数据存储到云存储系统时必须加密。加密后的数据除被授权的特殊用户外,其他人一概无法解密。

(7)层级管理。支持层级管理模式,即上级可以监控下级的存储数据,而下级无法查看上级或平级的数据。

三、应用虚拟化

应用程序有很多不同的程序部件，比如动态链接库。如果一个程序的正确运行需要一个特定动态链接库，而另一个程序需要这个动态链接库的另一个版本，那么在同一个系统这两个应用程序，就会造成动态链接库的冲突，其中一个程序会覆盖另一个程序动态链接库，造成程序不可用。因此，当系统或应用程序升级或打补丁时都有可能导致应用之间的不兼容。应用程序运行总是要进行严格而烦琐的测试，来保证新应用与系统中的已有应用不存在冲突。这个过程需要耗费大量的人力、物力和财力。因此，应用虚拟化技术应运而生。

（一）应用虚拟化的使用特点

应用程序虚拟化安装在一个虚拟环境中，与操作系统隔离，拥有与应用程序的所有共享资源，极大地方便了应用程序的部署、更新和维护。通常应用虚拟化与应用程序生命周期管理结合起来使用效果更好。

1.部署方面

具体包括以下特点：①不需要安装。应用程序虚拟化的应用程序包会以流媒体形式部署到客户端，有点像绿色软件，只要复制就能使用；②没有残留的信息。应用程序虚拟化并不会在移除之后在机器上产生任何文件或者设置；③不需要更多的系统资源。应用虚拟化和安装在本地的应用一样，使用本地或者网络驱动器、CPU或者内存；④事先配置好的应用程序。应用程序虚拟化的应用程序包，其本身就涵盖了程序所要的一些配置。

2.更新方面

具体包括以下特点：①更新方便。只需要在应用程序虚拟化的服务器上进行一次更新即可；②无缝的客户端更新。一旦在服务器端进行更新，则客户端便会自动地获取更新版本，无须逐一更新。

3.支持方面

具体包括以下特点：①减少应用程序间的冲突。由于每个虚拟化过的应用程序均运行在各自的虚拟环境中，所以并不会有共享组件版本的问题，从而减少了应用程序之间的冲突；②减少技术支持的工作量。应用程序虚拟化的程序与传统安装本地的应用不同，需要经过封装测试才能进行部署,此外也不会因为使用者误删除某些文件,导致无法运行,所以从这些角度来说,可以减少使用者对于技术支持的需求量;③增加软件的合规性。应用程序虚拟化可以针对有需求的使用者进行权限配置才允许使用,这方便了管理员对于软件授权的管理。

4.终止方面

完全移除应用程序并不会对本地计算机有任何影响,管理员只要在管理界面上进行权限设定,应用程序在客户端就会停止使用。

(二)应用虚拟化的优势应用

虚拟化把应用程序从操作系统中解放出来,使应用程序不受用户计算环境变化造成的影响,带来了极大的机动性、灵活性,显著提高了IT效率以及安全性和控制力。用户无须在自己的计算机上安装完整的应用程序,也不受自身有限的计算条件限制,即可获得极高的使用体验。

1.降低部署与管理问题

应用程序之间的冲突,通过应用虚拟化技术隔离开来,减少了应用程序间的冲突、版本的不兼容性及多使用者同时存取的安全问题。在部署方面,操作系统会为应用虚拟提供各自虚拟组件、文件系统、服务等应用程序环境。

2.部署预先配置好的应用程序

应用程序所有的配置信息根据使用者需要预先设定,并会封装在应用程序包里,最终部署到客户端计算机上。当退出应用程序的时候,相关配置会保存在使用者的个人计算机账户的配置目录里面,下一次使用应用程序时可回到原来运行环境。

3.在同一台计算机上运行不同版本的应用程序

企业常常会有需要运行不同版本的应用程序。传统的方式是应用两台计算机运行,使管理复杂度和投资成本提高。应用程序虚拟化后,使用者可以在相同的机器上运行不同软件。

4.提供有效的应用程序管理与维护

应用程序虚拟化过的包,储存在一个文件夹中,并且在管理界面上管理员可轻松地对这些软件进行配置与维护。

5.按需求部署

用户应用程序时,服务器会以流媒体的方式根据用户需要部署到客户端。例如,一个软件完全安装要1GB的空间,但是使用者可能只使用了其中的10%,服务器只会传输相应的信息到客户端,降低网络流量。应用虚拟化大大提升了部署效率及网络性能。

(三)应用虚拟化要考虑的问题

1.安全性

应用虚拟化安全性由管理员控制。管理员要考虑企业的机密软件是否允许离线使用,因而使用者可以使用哪些软件及相关配置由管理员决定。此外,由于应用程序是在虚拟环境中运行,从某种程度上避免了恶意软件或者病毒的攻击。

2.可用性

应用虚拟化中,相关程序和数据集中摆放,使用者通过网络下载,所以管理员必须考虑网络的负载均衡及使用者的并发量。

3.性能考量

应用虚拟化的程序运行,采用本地CPU、硬盘和内存,其性能除了考虑网络速度因素,还取决于本地计算机的运算能力。

四、桌面虚拟化

桌面虚拟化将众多终端的资源集合到后台数据中心,以便对企业成百上千个终端统一认证、统一管理,实现资源灵活调配。终端用户通过特殊身份认证,登录任意终端即可获取自相关数据,继续原有业务,极大地提高了使用的灵活性。

(一)桌面虚拟化的优势

应用桌面虚拟化,用户通常使用瘦客户端与服务器上多个虚拟机的某个终端相连,与传统的桌面部署模式相比具有以下优点。

1.降低了功耗

虚拟桌面通常考虑使用瘦客户端,极大节省了资源。

2.提高了安全性

虚拟桌面的操作系统在服务器中,因而比传统桌面PC更易于保护免遭恶意攻击,还可以从这个集中位置处理安全补丁;并且桌面虚拟化可以防止使用USB接口,减少了病毒感染和数据被窃取的可能性。

3.简化部署及管理

虚拟桌面可以集中控制各个桌面,不需要前往每个工作区,就能迅速为虚拟桌面打上补丁。

4.降低了费用

虚拟桌面的使用同时降低了硬件成本和管理成本,极大地节省了费用。先构建一个允许用户共享的"主"系统磁盘镜像,桌面虚拟化系统在用户需要时做镜像备份,提供给用户。为了让不同的用户使用不同的应用程序,需要创建一个共享镜像的"基准",在这个基准镜像上安装所有应用程序,保证公司内的每一个人都可以使用。然后使用应用程序虚拟化包在每个用户的桌面上安装用户需要的个性化应用程序。桌面虚拟化之所以在近年成为热点,一个很大的原因是相关产品的成熟性和安全性的提高。

(二)桌面虚拟化的使用条件

桌面虚拟化使用瘦客户或其他设备通过网络登录用户自己的环境,因而需要使用以下条件。

1.健全的网络环境

网络作为桌面虚拟化的传输载体起着关键性作用,保证网络的稳定是桌面虚拟化实现的重要条件。

2.高可靠性的虚拟化环境

在桌面虚拟化环境中所有用户使用的桌面都运行在数据中心,其中的任何一个环节出现问题,均可能会导致整个桌面虚拟化环境崩溃,搭建高可用、高安全的数据虚拟化数据中心是关键。

3.改变原来的运行维护流程

应用桌面虚拟化环境后,如果遇到系统性问题,管理员基本不必到使用者现场对桌面进行维护,通过统一的桌面管理中心能够管理所有使用者桌面,这一点和传统的运作维护流程不同。

4.充足的网络带宽

为实现较好的用户体验,还需要具有充足的带宽以保证较好的图像显示的用户体验。

五、服务器虚拟化

服务器虚拟化是指能够在一台物理服务器上运行多台虚拟服务器的技术,多个虚拟服务器之间的数据是隔离的,虚拟服务器对资源的占用是可控的。用户可以在虚拟服务器上灵活地安装任何软件,在应用环境上几乎无法感觉与物理服务器的区别。

(一)服务器虚拟化架构

在服务器虚拟化技术中,被虚拟出来的服务器称为虚拟机。运行在虚拟机里的操作系统称为客户操作系统,即 Guest OS。负责管理虚拟机的软件称为虚拟机管理器,也称为 Hypervisor。服务器虚拟化通常有两种架构,分别是寄生架构与裸金属架构。

1.寄生架构

一般而言,寄生架构在操作系统上再安装一个虚拟机管理器(virtual machine manager,VMM),然后用 VMM 创建并管理虚拟机。操作 VMM 看起来像是"寄生"在操作系统上的,该操作系统称为宿主操作系统,即 Host OS,如 Oracle 公司的 Virtual Box 就是一种寄生架构。

2.裸金属架构

顾名思义,裸金属架构是指将 VMM 直接安装在物理服务器之上而无须先安装操作系统的预装模式。再在 VMM 上安装其他操作系统(如 Windows、Linux 等)。由于 VMM 是直接安装在物理计算机上的,称为裸金属架构,如 KVM、Xen、VMware ESX。裸金属架构是直接运行在物理硬件之上的,无须通过 Host OS,所以性能比寄生架构更高。

用 Xen 技术实现裸金属架构服务器虚拟化,其中有三个 Domain。Domain 就是"域",更通俗地说,就是一台虚拟机。Xen 发布的裸金属版本,里面就包含了一个裁剪过的 Linux 内核,它为 Xen 提供了除 CPU 调度和内存管理外的所有功能,包括硬件驱动、I/O、网络协议、文件系统、进程通信等所有其他操作系统所做的事情。这个 Linux 内核就运行在 Domain 0 里面。启动裸金属架构的 Xen 时会自动启动 Domain 0。Domain 1 和 Domain 2 启动后,几个域相互之间可能会有一些通信,以便公用服务器资源。

(二)服务器关键部件的虚拟化

从目前的趋势来看,虚拟化将成为操作系统本身功能的一部分。例如,KVM 就是 Linux 标准内核的一个模块。接下来简单介绍服务器几个关键部件的虚拟化方法,包括 CPU、内存、I/O 的虚拟化。

1.CPU 虚拟化

CPU 虚拟化是指将物理 CPU 虚拟成多个虚拟 CPU 供虚拟机使用。虚拟 CPU 时分复用物理 CPU,虚拟机管理器负责为虚拟 CPU 分配时间片,管理虚拟 CPU 的状态。

在 X86 指令集中,CPU 有 0~3 共 4 个特权级(Ring)。其中,0 级具有最高的特权,用于运行操作系统;3 级具有最低的特权,用于运行用户程序;1 级和 2 级则很少使用。在对 X86 服务器实施虚拟化时,VMM 占据 0 级,拥有最高的特权级;而虚拟机中安装的 Guest OS 只能运行在更低的特权级中,不能执行那些只能存 0 级执行的特权指令。为此,在实施服务器虚拟化时,必须要对相关 CPU 特权指令的执行进行虚拟化处理,Guest OS 将有一定权限执行特权指令。

但是,Guest OS 中的某些特权指令,如中断处理和内存管理等指令,如果不运行在 0 级别将会具有不同的语义,产生不同的效果,或者根本不产生作用。问题的关键在于这些在虚拟机里执行敏感指令不能直接作用于真实硬件之上,而需要通过虚拟机监视器接管和模拟。这使得实现虚拟化 X86 体系结构比较困难。

为了解决 X86 体系结构下的 CPU 虚拟化问题,业界提出了全虚拟化和半虚拟化这两种通过不同的软件实现的虚拟化。业界还提出了在硬件层添加支持功能来处理这些敏感的高级别指令,实现基于硬件虚拟化解决方案。

(1)全虚拟化。通常采用二进制代码动态翻译技术来解决 Guest OS 特权指令问题。二进制代码动态翻译,在 Guest OS 的运行过程中,当它需要执行在第 0 级才能执行的特权指令时,陷入运行在第 0 级的虚拟机中。

虚拟机捕捉到这一指令后,将相应指令的执行过程用本地物理CPU指令集中的指令进行模拟,并将执行结果返回Guest OS,从而实现Guest OS在较高一级环境下对特权指令的执行。全虚拟化将在Guest OS内核态执行的敏感指令转换成可以通过虚拟机运行的具有相同效果的指令,而对于非敏感指令则可以直接在物理处理器上运行,Guest OS就像是运行在真实的物理空间中。全虚拟化的优点在于代码的转换工作是动态完成的,无须修改Guest OS,可以支持多种操作系统。然而,动态转换需要一定的性能开销。Microsoft PC、Microsoft Virtual Server、VMware WorkStation 和VMware ESX Server的早期版本都采用全虚拟化技术。

(2)半虚拟化。通过修改Guest OS,将所有敏感指令替换成底层虚拟化平台的超级调用,来解决虚拟机执行特权指令的问题。虚拟化平台也为敏感指令提供了调用接口。半虚拟化中,经过修改的Guest OS,知道处在虚拟化环境中,从而主动配合虚拟机,在需要的时候对虚拟化平台进行调用来完成敏感指令的执行。在半虚拟化中,Guest OS和虚拟化平台必须兼容;否则无法有效地操作宿主物理机。Citrix的Xen、VMware的ESX Server和Microsoft的Hyper－V的最新版本都采用了半虚拟化。

全虚拟化和半虚拟化,都是纯软件的CPU虚拟化,不要求对X86架构下的CPU做任何改变。但是,不论是全虚拟化的二进制翻译技术,还是半虚拟化的超级调用技术,都会增加系统的复杂性和开销,并且在半虚拟化中,要充分考虑Guest OS和虚拟化平台的兼容性。

现在主流的虚拟化产品都已经转型到基于硬件辅助的CPU虚拟化。例如,KVM在一开始就要求CPU必须支持虚拟化技术。此外,VMware、Xen、Hyper－V等都已经支持基于硬件辅助的CPU虚拟化技术了。

2.内存虚拟化

内存虚拟化技术把物理机的真实物理内存统一管理,包装成多个虚拟的物理内存,分别供若干个虚拟机使用,每个虚拟机拥有各自独立的内存空间。为实现内存虚拟化,内存系统中共有三种地址:

(1)机器地址(machine address,MA)。这是真实硬件的机器地址,是在地址总线上可以见到的地址信号。

（2）虚拟机物理地址（guest physical address，GPA）。这是经过 VMM 抽象后虚拟机看到的伪物理地址。

（3）虚拟地址（virtual address，VA）。Guest OS 为其应用程序提供的线性地址空间。

虚拟地址到虚拟机物理地址的映射关系记作 g，由 Guest OS 负责维护。对于 Guest OS 而言，它并不知道自己所看到的物理地址其实是虚拟的物理地址。虚拟机物理地址到机器地址的映射关系记作 f，由虚拟机管理器 VMM 的内存模块进行维护。

普通的内存管理单元（memory management unit，MMU）只能完成一次虚拟地址到物理地址的映射，但获得的物理地址只是虚拟机物理地址，而不是机器地址，所以还要通过 VMM 来获得总线上可以使用的机器地址。但是如果每次内存访问操作都需要 VMM 的参与，效率将变得极低。为实现虚拟地址到机器地址的高效转换，目前普遍采用的方法是由 VMM 根据映射 f 和 g 生成复合映射 f–g，直接写入 MMU。

3.I/O 虚拟化

I/O 虚拟化就是通过截获 Guest OS 对 I/O 设备的访问请求，用软件模拟真实的硬件，复用有限的外设资源。I/O 虚拟化与 CPU 虚拟化是紧密相关的。例如，当 CPU 支持硬件辅助虚拟化技术时，往往在 I/O 方面也会采用 Direct I/O 等技术，使 CPU 能直接访问外设，以提高性能。当前 I/O 虚拟化的典型方法如下：

（1）全虚拟化。VMM 对网卡、磁盘等关键设备进行模拟，以组成一组统一的虚拟 I/O 设备。Guest OS 对虚拟设备的 I/O 操作都会陷入 VMM 中，由 VMM 对 I/O 指令进行解析并映射到实际物理设备，直接控制硬件完成操作。这种方法可以获得较高的性能，而且对 Guest OS 是完全透明的。但 VMM 的设计复杂，难以应对设备的快速更新。

（2）半虚拟化。半虚拟化又称为前端/后端模拟。这种方法在 Guest OS 中需要为虚拟 I/C 设备安装特殊的驱动程序，即前端，VMM 中提供了简化的驱动程序，即后端。前端驱动将来自其他模块的请求通过 VMM 定义的系统调用与后端驱动通信，后端驱动后会检查请求的有效性，并将其映射到实际物理设备,最后由设备驱动程序来控制硬件完成操作,硬件设备完成操作后再将通知发回前端。这种方法简化了VMM的设计,但需要在Guest OS中安装驱动程序甚至修改代码。基于半虚拟化的I/O虚拟化技术往往与基于操作系统的辅助CPU虚拟化技术相伴随,它们都是通过修改Guest OS来实现的。

(3)软件模拟。软件模拟即用软件模拟的方法来虚拟I/O设备,指Guest OS的I/O操作被VMM捕获并转交给Host OS的用户态进程,通过系统调用来模拟设备的行为。这种方法没有额外的硬件开销,可以重用现有驱动程序。但是完成一次操作需要涉及多个寄存器的操作,使VMM要截获每个寄存器访问并进行相应的模拟,导致多次上下文切换。而且由于要进行模拟,所以性能较低。一般来说,如果在I/O方面采用基于软件模拟的虚拟化技术,其CPU虚拟化技术也应采用基于模拟执行的CPU虚拟化技术。

(4)直接划分。直接划分指将物理I/O设备分配给指定的虚拟机,让Guest OS可以在不经过VMM或特权域介入的情况下直接访问I/O设备。这种方法重用已有驱动,直接访问也减少了虚拟化开销,但需要购买较多的额外硬件。该技术与基于硬件辅助的CPU虚拟化技术相对应。VMM支持基于硬件辅助的CPU虚拟化技术,往往会尽量采用直接划分的方式来处理I/O。

六、网络虚拟化

网络虚拟化是通过软件统一管理和控制多个硬件或软件网络资源及相关的网络功能,为应用提供透明的网络环境。该网络环境称为虚拟网络,形成该虚拟网络的过程称为网络虚拟化。在不同应用环境下,虚拟网络架构多种多样。不同的虚拟网络架构需要相应的技术作为支撑。当前,传统网络虚拟化技术已经非常成熟,如VPN、VLAN等。随着云计算的发展,很多新的问题不断涌现,对网络虚拟化提出了更大的挑战。服务器虚拟机的优势在于其更加灵活、可配置性更好,可以满足用户更加动态的需求。因此,网络虚拟化技术也紧随趋势,满足用户更加灵活、更加动态的网络结构的需求和网络服务要求,同时还必须保证网络的安全性。具体地说,由于一个虚拟机上可能存在多个系统,系统之间通信就需要通过网络,但和普通的物理系统间通过实体网络设备互联不同,各个系统的网络接口也是虚拟的,因此不能直接通过实体网络使设备互联。同时外部网络又要适应虚拟机的变化而进行安全动态通信,拥有合理授权、保证数据不被窃听、不被伪造成为对网络虚拟化技术提出的新需求。

(一)传统网络虚拟化技术

传统的网络虚拟化技术主要指VPN和VLAN这两种典型的传统网络虚拟化技术,对于改善网络性能、提高网络安全性和灵活性起到良好效果。

1.VPN

虚拟专网(virtual private network,VPN)指的是在公用网络上建立专用网络的技术。整个VPN网络的任意两个节点之间的连接并没有传统专网所需的端到端的物理链路,而是架构在公用网络服务商所提供的网络平台上。VPN实质上就是利用加密技术在公网上封装出一个数据通信隧道。有了VPN技术,用户无论是在外地出差还是在家中办公,只要能上互联网就能利用VPN非常方便地访问内网资源。VPN作为传统的网络虚拟化技术,对于提高网络安全性和应用效率起到良好作用。

2.VLAN

虚拟局域网(virtual local area network,VLAN)是一种将局域网设备从逻辑上划分成一个个网段,从而实现虚拟工作组的数据交换技术。应用VLAN技术,管理员根据实际应用需求,把同一物理局域网内的不同用户逻辑地划分成不同的广播域,每一个VLAN都包含一组有着相同需求的计算机工作站,与物理上形成的LAN有着相同的属性。由于它是从逻辑上划分,而不是从物理上划分,所以同一个VLAN内的各个工作站没有限制在同一个物理范围中,即这些工作站可以在不同物理网段。由VLAN的特点可知,一个VLAN内部的广播和单播流量都不会转发到其他VLAN中,从而有助于控制流量,减少设备投资,简化网络管理,提高网络的安全性。

(二)主机网络虚拟化

云计算的网络虚拟化归根结底是为了主机之间安全、灵活地进行网络通信,因而主机网络虚拟化是云计算的网络虚拟化的重要组成部分。主机网络虚拟化通常与传统网络虚拟化相结合,主要包括虚拟网卡、虚拟网桥、虚拟端口聚合器。

1.虚拟网卡

虚拟网卡就是通过软件手段模拟出来在虚拟机上看到的网卡。虚拟机上运行的操作系统(Guest OS)通过虚拟网卡与外界通信。当一个数据包从Guest OS发出时,Guest OS会调用该虚拟网卡的中断处理程序,而这个中断处理程序是模拟器模拟出来的程序逻辑。当虚拟网卡收到一个数据包时,它会将这个数据包从虚拟机所在物理网卡接收进来,就好像从物理机自己接收一样。

2.虚拟网桥

由于一个虚拟机上可能存在多个Guest OS,各个系统的网络接口也是虚拟的,相互通信和普通的物理系统间通过实体网络设备互联不同,因此不能直接通过实体网络设备互联。这样虚拟机上的网络接口可以不需要经过实体网络,直接在虚拟机内部虚拟网桥(virtual ethernet bridges,VEB)进行互联。

VEB上有虚拟端口,虚拟网卡对应的接口就是和网桥上的虚拟端口连接,这个连接称为虚拟终端接口(virtual station interface,VSI)。一般来说,VEB用于在虚拟网卡之间进行本地转发,即负责不同虚拟网卡间报文的转发;需要注意的是,VEB不需要通过探听网络流量来获知MAC地址,因为它通过诸如访问虚拟机的配置文件等手段来获知虚拟机的MAC地址。此外,VEB也负责虚拟网卡和外部交换机之间的报文传输,但不负责外部交换机本身的报文传输。

3.虚拟端口聚合器

虚拟以太网端口聚合器(virtual ethernet port aggregator,VEPA),即将虚拟机上以太网口聚合起来,作为一个通道和外部实体交换机进行通信,以减少虚拟机上网络功能的负担。

VEPA指的是将虚拟机上若干个VSI口汇聚起来,交换机发向各个VSI的报文首先到达VEPA,再由VEPA负责朝某个VSI转发。另外,VSI所生成的报文不通过VEB进行转发,而是统统汇聚在一起通过物理链路发送到交换机,由交换机来完成转发,交换机将报文送回虚拟机或将报文转发到外网。这样既可以利用交换机实现更多的功能(如安全策略、流量监控统计),又可以减轻虚拟机上的转发负担。

根据原来的转发规则,一个端口收到报文后,无论是单播还是广播,该报文均不能再从接收端口发出。由于交换机和虚拟机只通过一个物理链路连接,要将虚拟机发送来的报文转发回去,就得对网桥转发模型进行修订。VEPA只支持虚拟网卡和邻接交换机之间的报文传输,不支持虚拟网卡之间报文传输,也不支持邻接交换机本身的报文传输。对于需要获取流量监控、防火墙或其他连接桥上的服务的虚拟机可以考虑连接到VEPA上。从以上可以看出,由于VEPA将转发工作都推卸到了邻接桥上,VEPA就不需要像VEB那样需要支持地址学习功能来负责转发。实际上,VEPA的地址表是通过注册方式来实现的,即VSI主动到Hypervisor注册自己的MAC地址和VLAN ID,然后Hypervisor更新VEPA的地址表。

(三)网络设备虚拟化

随着互联网的快速发展,云计算兴起,需要的数据量越来越庞大,用户的带宽需求不断提高。在这样的背景下,不仅服务器需要虚拟化,网络设备也需要虚拟化。目前国内外很多网络设备厂商如锐捷、思科都生产出相应产品,应用于网络设备虚拟化取得良好效果。网络设备的虚拟化通常分成了两种形式:一种是纵向分割;另一种是横向整合。将多种应用加载在同一个物理网络上,势必需要对这些业务进行隔离,使它们相互不干扰,这种隔离称为纵向分割。VLAN就是用于实现纵向隔离技术的。但是,最新的虚拟化技术还可以对安全设备进行虚拟化。例如,可以将一个防火墙虚拟成多个防火墙,使防火墙用户认为自己独占该防火墙。接下来从虚拟交换单元、交换机虚拟化、虚拟机迁移等方面探讨网络设备虚拟化。

1.虚拟交换单元

虚拟交换单元(virtual switch unit,VSU)技术将两台核心层交换机虚拟化为一台,VSU和汇聚层交换机通过聚合链路连接,将多台物理设备虚拟为一台逻辑上统一的设备,使其能够实现统一的运行,从而达到减小网络规模、提升网络高可靠性的目的。

VSU的组网模式还具有以下优势。首先,简化了网络拓扑。VSU在网络中相当于一台交换机,通过聚合链路和外围设备连接,不存在二层环路,没必要配置MSTP协议,各种控制协议是作为一台交换机运行的,如单播路由协议。VSU作为一台交换机,减少了设备间大量协议报文的交互,缩短了路由收敛时间。其次,这种组网模式的故障恢复时间缩短到了ms级。VSU和外围设备通过聚合链路连接,如果其中一条成员链路出现故障,切换到另一条成员链路的时间是50~200ms。而且,VSU和外围设备通过聚合链路连接,既提供了冗余链路又可以实现负载均衡,充分利用了所有带宽。

2.交换机虚拟化

虚拟交换机作为最早出现的一种网络虚拟化技术,已经在Linux Bridge、VMWare等软件产品中实现。V Switch就是基于软件的虚拟交换,不涉及外部交换机。该技术最大的优点是流量完全在服务器上进行传递,能够享受到最大的带宽和最小的延迟。VEB和VEPA被看成了网络虚拟化的两个方向。VEB是低延迟方向,流量在服务器内平行流动,因此称为东西流策略;VEPA是多功能方向,流量需要在服务器和交换机之间传递,因此称为南北流策略。由于仅靠软件来实现虚拟网桥会影响到服务器的硬件性能,因此出现了单一源I/O虚拟化技术,也就是将V Switch技术在网卡NIC上实现。

VEB直接嵌入在物理NIC中,负责虚拟NIC之间的报文转发,也负责将虚拟NIC发送的报文通过VEB上链口发到邻接桥上。与虚拟机上通过软件实现交换对比,由硬件NIC实现交换可以提高I/O性能,减轻了由于软件模拟交换机而给服务器CPU带来的负担,而且由于是NIC硬件来实现报文传输,提高了虚拟机和外部网络的交互性能。

3.虚拟机迁移

在大规模计算资源集中的云计算数据中心,以X86架构为基准的不同服务器资源,通过虚拟化技术将整个数据中心的计算资源统一抽象出来,形成可以按一定粒度分配的计算资源池。虚拟化后的资源池屏蔽了各种物理服务器的差异,形成了统一的、云内部标准化的逻辑CPU、逻辑内存、逻辑存储空间、逻辑网络接口,任何用户使用的虚拟化资源在调度、供应、度量上都具有一致性。

虚拟化技术不仅消除了大规模异构服务器的差异化,而且其形成的计算池可以具有超级的计算能力,一个云计算中心物理服务器达到数万台是一个很正常的规模。一台物理服务器上运行的虚拟机数量是动态变化的,当前一般是4~20,某些高密度的虚拟机可以达到100:1的虚拟比(即一台物理服务器上运行100个虚拟机),在CPU性能不断增强(主频提升、多核多路)、当前各种硬件虚拟化(CPU指令级虚拟化、内存虚拟化、桥片虚拟化、网卡虚拟化)的辅助下,物理服务器上运行的虚拟机数量会迅猛增加。一个大型IDC中运行数十万个虚拟机是可预见的,当前的云服务IDC在业务规划时,已经考虑了这些因素。

虚拟化的云中,计算资源能够按需扩展、灵活调度部署,这可由虚拟机的迁移功能实现,虚拟化环境的计算资源必须在二层网络范围内实现透明化迁移。透明环境不仅限于数据中心内部,对于多个数据中心共同提供的云计算服务,要求云计算的网络对数据中心内部、数据中心之间均实现透明化交换,这种服务能力可以使客户分布在云中的资源逻辑上相对集中(如在相同的一个或数个VLAN内),而不必关心具体物理位置;对云服务供应商而言,透明化网络可以在更大范围内优化计算资源的供应,提升云计算服务的运行效率,有效节省资源和成本。

虚拟化技术是云计算的关键技术之一,将一台物理服务器虚拟化成多台逻辑虚拟机,不仅可以大大提升云计算环境IT计算资源的利用效率、节省能耗,同时虚拟化技术提供的动态迁移、资源调度,使得云计算服务的负载可以得到高效管理、扩展,云计算的服务更具有弹性和灵活性。

服务器虚拟化的一个关键特性是虚拟机动态迁移,迁移需要在二层网络内实现;数据中心的发展正在经历从整合、虚拟化到自动化的演变,基于云计算的数据中心是未来的更远的目标。虚拟化技术是云计算的关键技术之。如何简化二层网络、甚至是跨地域二层网络的部署,解决生成树无法大规模部署的问题,是服务器虚拟化对云计算网络层面带来的挑战。

七、存储虚拟化

虚拟存储技术将底层存储设备进行抽象化统一管理,向服务器层屏蔽存储设备硬件的特殊性,而只保留其统一的逻辑特性,从而实现了存储系统集中、统一而又方便的管理。对于一个计算机系统来说,整个存储系统中的虚拟存储部分就像计算机系统中的操作系统,对下层管理着各种特殊而具体的设备,而对上层则提供相对统一的运行环境和资源使用方式。

1.存储虚拟化概述

存储网络工业协会(storage networking industry association,SNIA)对存储虚拟化是这样定义的:通过将一个或多个目标服务或功能与其他附加的功能集成,统一提供有用的全面功能服务。其中,存储域是核心,在上层主机的用户应用与部署在底层的存储资源之间建立了普遍的联系,其中包含多个层次;服务子系统是存储域的辅助子系统,包含一系列与存储相关的功能,如管理、安全、备份、可用性维护及容量规划等。

对于存储虚拟化而言,可以按实现不同层次划分:基于设备的存储虚拟化、基于网络的存储虚拟化、基于主机的存储虚拟化。

2.根据层次划分存储虚拟化

存储的虚拟化可以在三个不同的层面上实现,包括:基于专用卷管理软件在主机服务器上实现基于主机的存储虚拟化;利用专用的虚拟化引擎在存储网络上实现基于网络的存储虚拟化;利用阵列控制器的固件在磁盘阵列上实现存储设备虚拟化。具体使用哪种方法来做,应根据实际需求来决定。

(1)基于主机的存储虚拟化。基于主机的存储虚拟化,通常由主机操作系统下的逻辑卷管理软件来实现。不同操作系统的逻辑卷管理软件也不相同。它们在主机系统和UNIX服务器上已经有多年的广泛应用,目前在Windows操作系统上也提供类似的卷管理器。基于主机的虚拟化主要用途是使服务器的存储空间可以跨越多个异构的磁盘阵列,常用于在不同磁盘阵列之间做数据镜像保护。如果仅仅需要单个主机服务器(或单个集群)访问多个磁盘阵列,就可以使用基于主机的存储虚拟化技术。此时,虚拟化的工作通过特定的软件在主机服务器上完成,而经过虚拟化的存储空间可以跨越多个异构的磁盘阵列。

其优点是支持异构的存储系统,不占用磁盘控制器资源;其缺点是占用主机资源,降低了应用性能、存在操作系统和应用的兼容性问题、主机数量越多,实施/管理成本越高。

(2)基于网络的存储虚拟化。基于网络的存储虚拟化,通过在存储域网中添加虚拟化引擎实现,实现异构存储系统整合和统一数据管理(灾备)。也就是说,多个主机服务器需要访问多个异构存储设备,从而实现多个用户使用相同的资源,或者多个资源对多个进程提供服务。基于网络的存储虚拟化,优化资源利用率,是构造公共存储服务设施的前提条件。

当前基于网络的存储虚拟化,已经成为存储虚拟化的发展方向,这种虚拟化工作需要使用相应的专用虚拟化引擎来实现。目前市场上的SAN Appliances专用存储服务器,或是建立在某种专用的平台上,或是在标准的Windows、UNIX和Linux服务器上配合相应的虚拟化软件而构成。在这种模式下,因为所有的数据访问操作都与SAN Appliances相关,所以必须消除它的单点故障。在实际应用中,SAN Appliance通常都是冗余配置的。

其优点是与主机无关,不占用主机资源,能够支持异构主机、异构存储设备,使不同存储设备的数据管理功能统一,构建统一管理平台,可扩展性好。其缺点是占用交换机资源,面临带内、带外的选择,存储阵列的兼容性需要严格验证,原有盘阵的高级存储功能将不能使用。

3.基于设备的存储虚拟化

基于设备的存储虚拟化,用于异构存储系统整合和统一数据管理(灾备),通过在存储控制器上添加虚拟化功能实现,应用于中、高端存储设备。具体地说,当有多个主机服务器需要访问同一个磁盘阵列时,可以采用基于阵列控制器的虚拟化技术。此时虚拟化的工作是在阵列控制器上完成的,将一个阵列上的存储容量划分为多个存储空间,供不同的主机系统访问。

智能的阵列控制器提供数据块级别的整合,同时还提供一些附加的功能,如LUN Masking、缓存、即时快照、数据复制等。配合使用不同的存储系统,这种基于存储设备的虚拟化模式可以实现性能的优化。

其优点是与主机无关,不占用主机资源、数据管理功能丰富、技术成熟度高。其缺点是消耗存储控制器的资源、接口数量有限,虚拟化能力较弱、异构厂家盘阵的高级存储功能将不能使用。

4.根据实现方式划分存储虚拟化

按实现方式不同划分两种形式的虚拟化,分别为带内存储虚拟化和带外存储虚拟化:带内存储虚拟化引擎位于主机和存储系统的数据通道中间(带内,In - Band);带外虚拟化引擎是一个数据访问必须经过的设备,位于数据通道外(带外,Out - of - Band),仅仅向主机服务器传送一些控制信息来完成物理设备和逻辑卷之间的地址映射。

(1)带内虚拟化。带内虚拟化引擎位于主机和存储系统的数据通道中间,控制信息和用户数据都会通过它,而它会将逻辑卷分配给主机,就像一个标准的存储子系统一样。因为所有的数据访问都会通过这个引擎,所以它可以实现很高的安全性。就像一个存储系统的防火墙,只有它允许的访问才能通行,否则会被拒绝。带内虚拟化的优点是可以整合多种技术的存储设备,安全性高。此外,该技术不需要在主机上安装特别的虚拟化驱动程序,比带外的方式易于实施。其缺点是当数据访问量异常大时,专用的存储服务器会成为瓶颈。

(2)带外虚拟化。带外虚拟化引擎是一个数据访问必须经过的设备,通常利用Caching技术来优化性能。带外虚拟化引擎物理上不位于主机和存储系统的数据通道中间,而是通过其他的网络连接方式与主机系统通信。于是,在每个主机服务器上,都需要安装客户端软件,或者特殊的主机适配卡驱动,这些客户端软件接收从虚拟化引擎传来的逻辑卷结构和属性信息以及逻辑卷和物理块之间的映射信息,在SAN上实现地址寻址。存储的配置和控制信息由虚拟化引擎负责提供。

该方式的优点是能够提供很好的访问性能,并无须对现存的网络架构进行改变。缺点是数据的安全性难以控制。此外,这种方式的实施难度大于带内模式,因为每个主机都必须有一个客户端程序。也许就是这个原因,目前大多数的SAN Appliances都采用带内的方式。

第二节 云计算中的分布式数据库设计技术

一、分布式计算

云计算是由分布式计算、并行计算发展而来的。云计算根据需求访问计算机和存储系统,将计算并非在本地计算机或远程服务器中,而是分布在大量的分布式计算机上运行。因而分布式计算和并行计算是实现云计算的技术支撑。

分布式计算和并行计算是相互关联的两个不同概念,成为实现云计算的关键技术。分布式计算和并行计算由来已久,但是面向云计算应用领域的相关技术有其自己的特点和实现原则。

(一)分布式计算与并行计算

接下来描述分布式计算与并行计算的概念,并对二者进行比较。

1.分布式计算

传统上认为,分布式计算是一种把需要进行大量计算的数据分割成小块,由多台计算机分别计算,在上传运算结果后,将结果合并起来得出最后结果的计算方式。也就是说,分布式计算一般是指通过网络将多个独立的计算节点(即物理服务器)连接起来共同完成一个计算任务的计算模式。通常来说,这些节点都是物理独立的,它们可能彼此距离很近,处于同一个物理IDC内部,或相距很远分布在Internet上。现在对分布式计算有了更广义的定义:即使是在同一台服务器上运行的不同进程,只要通过消息传递机制而非共享全局数据的形式来协调,并用于共同完成某个特定任务的计算,也被认为是分布式计算。

2.并行计算

并行计算一般是指许多指令得以同时进行的计算模式,其实就是指同时使用多种计算资源解决计算问题的过程。并行计算可以划分成时间并行和空间并行。时间并行即流水线技术,指在程序执行时多条指令重叠进行操作的一种准并行处理实现技术。空间并行使用多个处理器执行并发计算,当前研究的主要是空间的并行问题。空间上的并行导致两类并行机的产生,即单指令流多数据流(single instruction multiple data,SIMD)和多指令流多数据流(multiple instruction multiple data,MIMD)。SIMD是一种采用一个控制器来控制多个处理器,同时对一组数据(又称"数据向量")中的每一个分别执行相同的操作从而实现空间上的并行性的技术。MIMD是使用多个控制器来异步地控制多个处理器,从而实现空间上的并行性的技术。MIMD类的机器又可分为常见的五类:并行向量处理机、对称多处理机、大规模并行处理机、工作站机群和分布式共享存储处理机。

并行向量处理机。并行向量处理机最大的特点是系统中的CPU是专门定制的向量处理器。系统还提供共享存储器以及与VP相连的高速交叉开关;对称多处理机。这是一种多处理机硬件架构,有两个或更多的相同的处理机(处理器)共享同一主存,由一个操作系统控制。使用对称多处理机的计算机系统称为"对称多处理机"或"对称多处理机系统"。在对称多处理机系统上,任何处理器可以运行任何任务,不管任务的数据在内存的什么地方,只要一个任务没有同时运行在多个处理器上。有了操作系统的支持,对称多处理机系统就能够轻易地让任务在不同的处理器之间移动,以此来有效地均衡负载;大规模并行处理机。由多个微处理器、局部存储器及网络接口电路构成的节点组成的并行计算体系;

节点间以定制的高速网络互联。大规模并行处理机是一种异步的多指令流多数据流,因为它的程序有多个进程,它们分布在各个微处理器上,每个进程有自己独立的地址空间,进程之间以消息传递进行相互通信;工作站机群。它可以近似地看成一个没有本地磁盘的工作站机群,网络接口是松耦合的,接到 I/O 总线上而不是像 MPP 那样直接接到处理器存储总线上;分布式共享存储处理机(DSM)。它也被视为一种分散的全域地址空间,属于计算机科学的一种机制,可以通过硬件或软件来实现。分散式共享内存主要使用在丛集计算机中,丛集计算机中的每一个网络节点都有非共享的内存空间与共享的内存空间。该共享内存的位置空间在所有节点是一致的。

现在,多核计算和对称多处理计算往往是综合使用的。例如,一台服务器上可以安装 2～4 个物理处理器芯片,每个物理处理器芯片上有 2～4 个核。对于对称多处理器操作系统来说,每个 CPU 都是平等的,任何任务都可以从一个处理器迁移到另一个处理器,而与任务所处的内存位置无关。操作系统会确保处理器之间的负载均衡,因此称为"对称"多处理。对称多处理计算的瓶颈在于总线带宽。由于多个物理处理器共享总线,因此制约 CPU 的原因往往是总线冲突。所以,基于对称多处理架构的系统一般不会使用超过 32 个处理器芯片。

3.分布式计算和并行计算的比较

分布式计算和并行计算的共同点都是将大任务化为小任务,但是分布式的任务互相之间有独立性,并行程序并行处理的任务包之间有很大的联系。

在分布式计算中,上个任务的结果未返回或者是结果处理错误,对下一个任务的处理几乎没有什么影响。因此,分布式的实时性要求不高,而且允许存在计算错误(因为每个计算任务给好几个参与者计算,上传结果到服务器后要比较结果,然后对结果差异大的进行验证)。

并行计算的每一个任务块都是必要的,没有浪费的、分割的,就是每个任务包都要处理,而且计算结果相互影响,要求每个计算结果要绝对正确,而且在时间上要尽量做到同步。并且分布式的很多任务块中有大量的无用数据块,可以不处理;而并行处理则不同,它的任务包个数相对有限,在一个有限的时间应该是可能完成的。

并行计算和分布式计算在很多时候是同时存在的。例如,一个系统在整体上采用多个节点进行分布式计算,节点之间靠消息传递保持协同,而在每个节点内部又采用并行计算来提高性能,这种计算模式就可以称为分布式并行计算。一般来说分布式计算有以下特征:①由于网络可跨越的范围非常广,因此如果设计得当,分布式计算可扩展性会非常好;②分布式计算中的每个节点都有自己的处理器和主存,并且该处理器只能访问自己的主存;③在分布式计算中,节点之间的通信以消息传递为主,数据传输较少,因此每个节点看不到全局,只知道自己那部分的输入和输出;④分布式计算中节点的灵活性很大,即节点可随时加入或退出,节点的配置也不尽相同,但是拥有良好设计的分布式计算机制应保证整个系统可靠性不受单个节点的影响。

(二)分布式计算的CAP理论

分布式系统有一个重要的理论——CAP理论。CAP理论指出:一个分布式系统不可能同时满足一致性、可用性和分区容忍性这三个需求,最多只能同时满足其中的两个。具体包括:①一致性。对于分布式系统,一个数据往往会存在多份。简单地说,一致性会让客户对数据的修改操作(增、删、改)要么在所有的数据副本(在英文文献中常称为Replica)全部成功,要么全部失败。即,修改操作对于一份数据的所有副本而言是原子的操作。如果一个存储系统可以保证一致性,那么客户读、写的数据完全可以保证是最新的。不会发生两个不同的客户端在不同的存储节点中读取到不同副本的情况;②可用性。可用性顾名思义,就是指在客户端想要访问数据的时候,可以得到响应。但是应该注意,系统可用并不代表存储系统所有节点提供的数据是一致的。比如客户端想要读取文章评论,系统可以返回客户端数据,但是评论缺少最新的一条。这种情况仍然说系统是可用的。往往会对不同的应用设定一个最长响应时间,超过这个响应时间的服务就称之为不可用的;③分区容忍性。如果存储系统只运行在一个节点上,要么系统整个崩溃,要么全部运行良好。一旦针对同一服务的存储系统分布到了多个节点后,整个系统就存在分区的可能性。例如,两个节点之间联通的网络断开(无论长时间或者短暂的),就形成了分区。对当前的互联网公司来说,为了提高服务质量,同一份数据放置在不同城市乃至不同国家是很正常的,节点之间形成了分区,除全部网络节点全部故障外,所有子节点集合的故障都不允许导致整个系统不正确响应。

在设计一个分布式存储系统时,必须考虑将三个特性中放弃一个。如果选择分区容忍性和一致性,那么即使坏了节点,只要操作一致,就能顺利完成。要100%保证所有节点之间有很好的连通性,是很难做到的。最好的办法就是将所有数据放到同一个节点中。但是显然这种设计是满足不了可用性的。

如果要满足可用性和一致性,那么为了保证可用,数据必须要有两个副本。这样系统显然无法容忍分区。当同一数据的两个副本分配到了两个无法通信的分区上时,显然会返回错误的数据。最后考虑一下满足可用性和分区容忍性的情况。满足可用性,就说明数据必须要在不同节点中有两个副本。然而还必须保证在产生分区的时候仍然可以使操作完成。那么,操作必然无法保证一致性。

(三)ACID模型

关系数据库放弃了分区容忍性,具有高一致性和高可靠性,采用AC-ID模型解决方案:①原子性。一个事务中所有操作都必须全部完成,要么全部不完成;②一致性。在事务开始或结束时,数据库应该在一致状态;③隔离性。事务将假定只有它自己在操作数据库,彼此不知晓;④持久性。一旦事务完成,就不能返回。对于单个节点的事务,数据库都是通过并发控制(两阶段封锁,Two Phase Locking或者多版本)和恢复机制(日志技术)保证事务的ACID特性。对于跨多个节点的分布式事务,通过两阶段提交协议来保证事务的ACID。可以说,数据库系统是伴随着金融业的需求而快速发展起来的。对于金融业,可用性和性能都不是最重要的,而一致性是最重要的,用户可以容忍系统故障而停止服务,但绝不能容忍账户上的钱无故减少(当然,无故增加是可以的)。而强一致性的事务是这一切的根本保证。

（四）BASE 思想

BASE 思想来自互联网的电子商务领域的实践,它是基于 CAP 理论逐步演化而来的,核心思想是即便不能达到强一致性,但可以根据应用特点采用适当的方式来达到最终一致性的效果。BASE 是 basically available、soft－state、eventually consistent 三个词组的简写,是对 CAP 中 C&A 的延伸。BASE 的含义如下:①基本可用;②软状态/柔性事务。即状态可以有一段时间的不同步;③最终一致性。BASE 是反 ACID 的,它完全不同于 ACID 模型,牺牲强一致性,获得基本可用性和柔性可靠性并要求达到最终一致性,CAP、BASE 理论是当前在互联网领域非常流行的分布式理论基础。

二、分布式文件系统

分布式文件系统是指文件系统管理的物理存储资源不一定直接连接在本地节点上,而是通过计算机网络与节点相连。分布式文件系统的设计基于 C/S 模式。一个典型的网络可能包括多个供多用户访问的服务器。另外,对等特性允许一些系统扮演客户机和服务器的双重角色。

（一）分布式文件系统概述

文件系统是操作系统的重要组成部分,通过操作系统管理存储空间,向用户提供统一的、对象化的访问接口,屏蔽对物理设备的直接操作和资源管理。根据计算环境和所提供的功能不同,文件系统可划分为本地文件系统和分布式文件系统。本地文件系统是指文件系统管理的物理存储资源直接连接在本地节点上,处理器通过系统总线可以直接访问。分布式文件系统是指文件系统管理的物理存储资源不一定直接连接在本地节点上,而是通过计算机网络与节点相连。

由于互联网应用的不断发展,本地文件系统由于单个节点本身的局限性,已经很难满足海量数据存取的需要了,因而不得不借助分布式文件系统,把系统负载转移到多个节点上。传统的分布式文件系统中,所有数据和元数据存放在一起,通过单一的存储服务器提供。这种模式一般称为带内模式。随着客户端数目的增加,服务器就成了整个系统的瓶颈。因为系统所有的数据传输和元数据处理都要通过服务器,不仅单个服务器的处理能力有限,而且存储能力受到磁盘容量的限制,吞吐能力也受到磁盘 I/O 和网络 I/O 的限制。在当今对数据存储量要求越来越大的互联网应用中,传统的分布式文件系统已经很难满足应用的需要了。

(二)HDFS 架构

Hadoop 项目,最底部、最基础的是 HDFS,被设计成适合运行在通用硬件上的分布式文件系统。它和现有的分布式文件系统有很多共同点。但同时,它和其他的分布式文件系统的区别也是很明显的。HDFS 是一个高度容错性的系统,适合部署在廉价的机器上。HDFS 能提供高吞吐量的数据访问,非常适合大规模数据集上的应用。HDFS 放宽了一部分 POSIX 约束,来实现流式读取文件系统数据的目的。对外部客户机而言,HDFS 就像一个传统的分级文件系统,可以创建、删除、移动或重命名文件等。

HDFS 采用 Master/Slave 架构,基于一组特定的节点构建的。HDFS 集群是由一个 Name Node 和一定数目的 Data Node 组成。Name Node 是一个中心服务器,负责管理文件系统的名字空间及客户端对文件的访问。集群中的 Data Node 一般是一个节点,负责管理它所在节点上的存储。HDFS 暴露了文件系统的名字空间,用户能够以文件的形式在上面存储数据。从内部看,一个文件其实被分成一个或多个数据块,这些块存储在一组 Data Node 上。Name Node 执行文件系统的名字空间操作,比如打开、关闭、重命名文件或目录。它也负责确定数据块到具体 Data Node 节点的映射。Data Node 负责处理文件系统客户端的读、写请求。在 Name Node 的统一调度下进行数据块的创建、删除和复制。存储在 HDFS 中的文件被分成块,然后将这些块复制到多个计算机中。这与传统的 RAID 架构大不相同。块的大小(通常为 64MB)和复制的块数量在创建文件时由客户机决定。Name Node 可以控制所有文件操作。HDFS 内部的所有通信都基于标准的 TCP/IP 协议。

(三)HDFS 的设计特点

1.Block 的放置

默认不配置:一个 Block 会有三个备份,一份放在 Name Node 指定的

Data Node;另一份放在与指定 Data Node 非同一 Rack 上的 Data Node;还有一份放在与指定 Data Node 同一 Rack 上的 Data Node 上。备份无非就是为了数据安全,考虑同一 Rack 的失败情况以及不同 Rack 之间数据复制性能问题就采用这种配置方式。

2.心跳检测

心跳检测:Data Node 的健康状况,如果发现问题就采取数据备份的方式来保证数据的安全性。

3.数据复制

数据复制(场景为 Data Node 失败、需要平衡 Data Node 的存储利用率和需要平衡 Data Node 数据交互压力等情况):使用 HDFS 的 balancer 命令,可以配置一个 Threshold 来平衡每一个 Data Node 磁盘利用率。例如,设置了 Threshold 为 10%,那么执行 balancer 命令的时候,首先统计所有 Data Node 的磁盘利用率的均值,然后判断如果某一个 Data Node 的磁盘利用率超过这个均值 Threshold 以上,那么把这个 Data Node 的 block 转移到磁盘利用率低的 Data Node,这对于新节点的加入来说十分有用。

4.数据校验

采用 CRC 32 作数据校验。在文件 Block 写入的时候除了写入数据还会写入校验信息,在读取的时候需要校验后再读入。

5.Name Node 是单点

如果失败的话,任务处理信息将会记录在本地文件系统和远端的文件系统中。

6.数据管道性的写入

当客户端要写入文件到 Data Node 上,首先客户端读取一个 Block 然后写到第一个 Data Node 上,之后由第一个 Data Node 传递到备份的 Data Node 上,一直到所有需要写入这个 Block 的 Nata Node 都成功写入,客户端才会继续开始写下一个 Block。

7.安全模式

安全模式主要是为了系统启动的时候检查各个 Data Node 上数据块的有效性,同时根据策略,必要地复制或者删除部分数据块。在启动分布式文件系统的时候,开始会有安全模式,当分布式文件系统处于安全模式的情况下,文件系统中的内容不允许修改也不允许删除,直到安全模式结束。运行期通过命令也可以进入安全模式。在实践过程中,系统启动的时候去修改和删除文件也会有安全模式不允许修改的出错提示,只需要等待一会儿即可。

(四)MapReduce 计算模型

传统的分布式计算模型主要用于解决大规模的计算密集型任务,通过将数据推向分布式计算节点并行地进行处理。每个计算节点会缓存部分数据,进而通过同步协议做及时的更新,以保证系统数据的一致性。云计算中各节点之间由网络相连,如果在处理海量数据时仍旧像在传统方式中计算节点之间传输数据,则开销高昂,严重影响性能。为此,Google 公司基于 GFS 的分布式文件系统进行部署,将计算推向数据存储节点,尽量减少海量数据传输,最先提出 MapReduce 计算模型。

1.MapReduce 概述

MapReduce 由两个动词 Map 和 Reduce 组成,"Map"就是将一个任务分解成为多个任务,"Reduce"就是将分解后多任务处理的结果汇总起来,得出最后的分析结果。在分布式系统中,机器集群就可以看作硬件资源池,将并行的任务拆分,然后交由每一个空闲机器资源去处理,能够极大地提高计算效率,同时这种资源无关性,对于计算集群的扩展无疑提供了最好的设计保证。任务分解处理以后,就需要将结果再汇总起来,这就是 Reduce 要做的工作。

MapReduce 模型提供了一种简单的编程模型,每天数以千万亿字节的海量数据,HDFS 作为其计算所需数据的分布式文件系统。用户通过设定 Map 功能将一组 key/value 对转换为一组中间 key/value 对。然后,Reduce 功能将具有相同中间 key 值的中间 value 值进行整合,从而得到计算结果。

2.MapReduce 实现和架构

通常,MapReduce 框架系统运行在一组相同的节点上,计算节点和存储节点通常在一起,这种配置允许框架在已经存好数据的节点上高效地调度任务。MapReduce采用主/从结构,由一个负责主控的Job Tracker服务器及若干个执行任务的Task Tracker组成。Job Tracker与HDFS的Name Node处于同一节点,而Task Tracker则与Data Node处于同一节点,一台物理机器上只运行一个Task Tracker。在Map Reduc框架里,客户的一个作业通常会把输入数据集分成若干独立的数据块,由Map任务并行地处理。框架会对Map的输出结果进行排序和汇总,然后输入给Reduce任务。作业的I/C结果存储在HDFS文件系统中。Job Tracker负责调度所有的任务,并监控它们的执行,重新执行已经失败的任务。[①]

第三节 云计算中的绿色数据中心

一、绿色数据中心概述

数据中心是在一幢建筑物内,以特定的业务应用中的各类数据为核心,依托IT技术,按照统一的标准,建立数据处理、存储、传输、综合分析的一体化数据信息管理体系。云计算的诞生和发展,意味着更加高效地应用IT资源,节能减排、低碳环保等理念逐渐深入人心,绿色数据中心成为构成云计算的相关技术。绿色数据中心是指数据机房中的IT系统、机械、照明和电气等能取得最大化的能源效率和最小化的环境影响。绿色数据中心是数据中心发展的必然产物。总的来说,可以从建筑节能、运营管理、能源效率等方面来衡量一个数据中心是否为"绿色"。绿色数据中心的"绿色"具体体现在整体的设计规划以及机房空调、UPS、服务器等IT设备、管理软件应用上,要具备节能环保、高可靠可用性和合理性。从普通数据中心到适应云计算的绿色数据中心,要经历好几个阶段。

1.云数据中心发展阶段

云计算进入商用阶段,相对于传统的数据中心,云数据中心可以逐渐升级。从提供的服务方面划分,普通数据中心向云计算数据中心进阶的

---

①范剑波. 数据库技术与设计[M]. 西安:西安电子科技大学出版社,2016.

过程可以划分为四个阶段,即托管型、管理服务型、托管管理型和云计算管理型(也就是云计算绿色数据中心)。

(1)服务器托管型数据中心。对于托管型数据中心来说,服务器由客户自行购买安装,在托管期间对设备监控及管理工作也由客户自行完成。数据中心主要提供IP接入、带宽接入和电力供应等服务。简而言之,就是为服务器提供一个运行的物理环境。

(2)管理服务型数据中心。普通客户自行购买的服务器设备进入管理服务型数据中心,工程师完成从安装到调试的整个过程。当客户的服务器开始正常运转,与之相关联的网络监控(包括IP、带宽、流量、网络安全等)和机房监控(机房环境参数、机电设备等)也随之开始。对客户设备状态进行实时监测以提供最适宜的运行环境。除提供IP、带宽资源外,还提供这VPN接入和管理。

(3)托管管理型数据中心。相对管理服务型数据中心,托管管理型数据中心提供的不仅是管理服务,而且还提供着服务器和存储,客户则不需要自行购买安装服务器等硬件设备,即可使用数据中心所提供的存储空间和物理环境。同时,相关IT咨询服务也可以帮助客户选择最适合的IT解决方案以优化IT管理结构。

(4)云计算绿色数据中心。云计算绿色数据中心托管的是计算能力和IT可用性,而不再是客户的设备。数据在云端进行传输,云计算数据中心为其调配所需的计算能力,并对整个基础构架的后台进行管理。从软件、硬件两方面运行维护,软件层面不断根据实际的网络使用情况对云平台进行调试,硬件层面保障机房环境和网络资源正常运转调配。数据中心完成整个IT的解决方案,客户可以完全不用操心后台,因此有充足的计算能力可用。

2.绿色数据中心架构

计算机技术的迅猛发展促进了机房工程建设,对数据中心的安全性、可用性、灵活性、机架化、节能性等方面提出了更高的要求,绿色数据中心的架设,综合体现在节能环保、高可靠可用性和合理性三个方面。

节能环保体现在环保材料的选择、节能设备的应用、IT运行维护系统的优化及避免数据中心过度的规划。如UPS效率的提高能有效降低对电力的需求,达到节能的目的。在机房的密封、绝热、配风、气流组织这些方面,如果设计合理会降低空调的使用成本。进一步考虑系统的可用性、可扩展性、各系统的均衡性、结构体系的标准化以及智能人性化管理,能降低整个数据中心的成本(TCO)。

3.云数据中心需要整合的资源

未来的云计算,可以按需提供大规模信息服务,是对现有业务的继承和发展,因此要对现有数据中心和相关的基础设施进行整合管理。具体有以下三个方面:

(1)设备方面。需要实现对大容量设备(上万台服务器和网络设备)的管理,同时要考虑物理上分布式部署,逻辑上统一的管理需求。

(2)业务方面。需要实现在同一个平台中实现对IT和IP设备的融合,可以从业务的角度对网络进行管理,也可以从性能和流量的角度对业务进行监控和优化。

(3)服务方面。需要提供运行维护服务方面的支持,帮助IT部门向规范化、可审计的服务运营中心转变。总的来说,云数据中心要整合好各种资源,包括设备、应用、流量、服务等,为将来建立虚拟化资源池,对外提供云服务打下基础。[①]

二、数据中心管理和维护

随着数据中心、超级计算、云计算等技术与概念的兴起,信息产业正经历着从商业模式、技术架构到管理运营等各方面的巨大变革。与之相应,云数据中心管理的相关话题也变得越来越热门。普通数据中心管理关注重点资源和业务的整合、可视化和虚拟化,而云数据中心管理关注重点按需分配资源和云的收费运营等。云数据中心管理,主要包括基础设施管理、虚拟化管理、业务管理和运行维护管理四个部分。

1.实现端到端、大容量、可视化的基础设施整合

数据中心除了传统的网络、安全设备外,还存在存储、服务器等设

---

①郑叶来,陈世峻.分布式云数据中心的建设与管理[M].北京:清华大学出版社,2013.

备,这要求对常见的网管功能进行重新设计,包括拓扑、告警、性能、面板、配置等,以实现对基础设施的整合管理。在底层协议方面,需要将传统的SNMP网络管理协议和WMI、JMX等其他管理协议进行整合,以同时支持对IP设备和IT设备的管理。

在软件架构方面,需要考虑上万台设备对管理平台性能的冲击,因此必须采用分布式的架构设计,让管理平台可以同时运行在多个物理服务器上,实现管理负载的分担。

数据中心所在的机房、机架等也需要进行管理,这些靠传统物理拓扑的搜索是搜索不出来的,需要考虑增加新的可视化拓扑管理功能,让管理员可以查看如分区、楼层、机房、机架、设备面板等视图,方便管理员从各个维度对数据中心的各种资源进行管理。

2.实现虚拟化、自动化的管理

传统的管理软件只考虑物理设备的管理,对于虚拟机、虚拟网络设备等虚拟资源无法识别,更不要说对这些资源进行配置。然而,数据中心虚拟化和自动化是大势所趋,虚拟资源的监控、部署与迁移等需求,将推动数据中心管理平台进行新的变革。对于虚拟资源,需要考虑在拓扑、设备等信息中增加相关的技术支持,使管理员能够在拓扑图上同时管理物理资源和虚拟化资源,查看虚拟网络设备的面板以及虚拟机的CPU、内存、磁盘空间等信息。其次,加强对各种资源的配置管理能力,能够对物理设备和虚拟设备下发网络配置,建立配置基线模板,定期自动备份,并且支持虚拟网络环境的迁移和部署,满足快速部署、业务迁移、新系统测试等不同场景的需求。

3.实现面向业务的应用管理和流量分析

数据中心存在着各种关键业务和应用,如服务器、操作系统、数据库、Web服务、中间件、邮件等,对这些业务系统的管理应该遵循高可靠性原则,采用Agentless无监控代理的方式进行监控,尽量不影响业务系统的运行。

在可视化方面,为便于实现IP与IT的融合管理,需要将网络管理与业务管理的功能进行对接,拓扑图上不仅可以显示设备信息,也可以显示服务器菜单运行业务及详细性能参数。另外,数据中心带来了新的业务模型,如1:n(一台服务器运行多个业务)、n:1(多台服务器运行同一个业务)和n:m(不同业务间的流量模型),这些业务对于数据中心的流量带来了很大的冲击,有可能会造成流量瓶颈,影响业务运行。

因此可以对诸如流量分析软件进行改进,提供基于NetFlow/Net等流量分析技术的分析功能,并通过各种可视化的流量视图,对业务流量中的接口、应用、主机、会话、IP组、七层应用等进行分析,从而找出瓶颈,规划接口带宽,满足用户对内部业务进行持续监控和改进的流量分析需求。

第二章 云计算技术架构设计

第一节 基本云架构

一、负载分布架构

通过增加一个或多个相同的IT资源可以进行IT资源水平扩展,而提供运行时逻辑的负载均衡器能够在可用IT资源上均匀分配工做负载。由此产生的负载分布架构在一定程度上依靠复杂的负载均衡算法和运行时逻辑,减少IT资源的过度使用和使用率不足的情况。

负载分布常常可以用来支持分布式虚拟服务器、云存储设备和云服务,因此,这种基本架构模型可以应用于任何IT资源。结合负载均衡的各个方面,应用于特殊IT资源的负载均衡系统通常会形成这种架构的特殊变化,除了基本负载均衡器机制和可以应用负载均衡的虚拟服务器与云存储设备机制外,如下机制也是该云架构的一部分:①审计监控器。分配运行工作负载时,就满足法律和监管要求而言,处理数据的IT资源的类型和地理位置可以决定监控是否是必要的;②云使用监控器。各种监控器都能参与执行运行时工作负载的跟踪与数据处理;③虚拟机监控器。虚拟机监控器与其托管的虚拟服务器之间的工作负载可能需要分配;④逻辑网络边界。逻辑网络边界用于隔离与如何分布以及在哪里分布工作负载相关的云用户网络边界;⑤资源集群。处于主动/主动模式的集群IT资源通常被用于支持不同集群节点间的负载均衡;⑥资源复制。为了响应运行时工作负载分布需求,该机制能生成虚拟化IT资源的新实例。

二、资源池架构

资源池架构以使用一个或多个资源池为基础,其中相同的IT资源由一个系统进行分组和维护,以自动确保它们保持同步。常见的资源池有:①物理服务器池。物理服务器池由联网的服务器构成,这些服务器已经安装了操作系统以及其他必要的程序和应用,并且可以立即投入使用;②虚拟服务器池。一般将虚拟服务器池配置为使用一个被选择的可用模板,这个模板是云用户在准备期间从几种可用模板中选择出来的;③存储池。存储池或云存储设备池由基于文件或基于块的存储结构构成,它包含了空的或满的云存储设备;④网络池。网络池(或互联池)是由不同预配置的网络互联设备组成的;⑤CPU池。CPU池准备分配给虚拟服务器,通常会分解为单个处理内核;⑥内存池。物理RAM池可以用于物理服务器的新供给或者垂直扩展。

可以为每种类型的IT资源创建专用池,也可以将单个池集合为一个更大的池,在这个更大的资源池中,每个单独的池成为子资源池。如果特殊云用户或应用需创建多个资源池,那么资源池就会变得非常复杂。对此,可以建立层次结构,形成资源池之间的父子、兄弟和嵌套关系,从而有利于构成不同的资源池需求。同级资源池通常来自物理上分为一组的IT资源,而不是来自分布在不同数据中心内的IT资源。同级资源池之间是相互隔离的,因此,云用户只能访问各自的资源池。在嵌套资源池模型中,较大的资源池被分解成较小的资源池,每个小资源池分别包含了与大资源池相同类型的IT资源。嵌套资源池可以用于向同一个云用户组织的不同部门或不同组分配资源池。

在定义了资源池之后,可以在每个池中通过创建IT资源的多个实例来提供"活的"IT资源池。除了云存储设备和虚拟服务器这些常见的池化机制外,下述机制也可以成为这种云架构的一部分:①审核监控器。该机制监控资源池的使用,以确保其符合隐私和监管要求,尤其是当资源池含有云存储设备或载入内存的数据的时候;②云使用监控器。各种云使用监控器都参与到运行时跟踪和同步中,这些均为池化IT资源和所有底层管理系统所要求的;③虚拟机监控器。虚拟机监控器除了负责托管虚拟服务器以及某些时候作为资源池自身之外,还要负责向虚拟服务器提供对资源池的访问;④逻辑网络边界。逻辑网络边界用于从逻辑上组织和隔离资源池;⑤按使用付费监控器。根据单个云用户如何分配和使用各种资源池中的IT资源,按使用付费监控器收集相关的使用与计费信息;⑥远程管理系统。通常使用本机制与后端系统和程序进行连接,以便通过前端门户网站提供资源池的管理功能;⑦资源管理系统。资源管理系统机制向云用户提供管理资源池的工具和允许的管理选项;⑧资源复制。本机制用于为资源池的IT资源生成新的实例。

三、动态可扩展架构

动态可扩展架构是一个架构模型,它基于预先定义扩展条件的系统,触发这些条件会导致从资源池中动态分配IT资源。由于不需人工交互就可以有效地回收不必要的IT资源,所以,动态分配使得资源的使用可以按照使用需求的变化而变化。

自动扩展监听器配置了负载阈值,以决定何时为工作负载的处理添加新IT资源。根据给定云用户的供给合同条款来提供该机制,并配以决定可动态提供的额外IT资源数量的逻辑。常用的动态扩展类型包括:①动态水平扩展。向内或向外扩展IT资源实例,以便处理工作负载的变化。按照需求和权限,自动扩展监听器请求资源复制,并发信号启动IT资源复制;②动态垂直扩展。当需要调整单个IT资源的处理容量时,向上或向下扩展IT资源实例。比如,当一个虚拟服务器超负荷时,可以动态增加其内存容量,或者增加一个处理内核;③动态重定位。将IT资源重放置到更大容量的主机上。比如,将一个数据库从一个基于磁带的SAN存储设备迁移到另一个基于磁盘的SAN存储设备,前者的I/O容量为4GB/s,后者的I/O容量为8GB/s。

动态扩展架构可以应用于一系列IT资源,包括虚拟服务器和云存储设备。除了核心的自动扩展监听器和资源复制机制之外,下述机制也被用于这种形式的云架构:①云使用监控器。为了响应这种架构引起的动态变化,可以利用特殊的云使用监控器来跟踪运行时使用;②虚拟机监控器。动态可扩展系统调用虚拟机监控器来创建或移除虚拟服务器实例,或者对自身进行扩展;③按使用付费监控器。按使用付费监控器收集使用成本信息,以响应IT资源的扩展。[①]

四、弹性资源容量架构

弹性资源容量架构主要与虚拟服务器的动态供给相关,利用分配和回收CPU与RAM资源的系统,立即响应托管IT资源的处理请求变化。扩展技术使用的资源池与虚拟机监控器和VIM进行交互,在运行时检索并返回CPU和RAM资源。对虚拟服务器的运行处理进行监控,从而在达到容量阈值之前,通过动态分配可以从资源池获得额外的处理能力。在响应时,虚拟服务器和其托管的应用程序与IT资源是垂直扩展的。

这类云架构可以被设计为,智能自动化引擎脚本通过VIM发送其扩展请求,而不是直接发送给虚拟机监控器。参与弹性资源分配系统的虚拟服务器可能需要重启才能使得动态资源分配生效。这类云架构还可以包含如下一些额外机制:①云使用监控器。在扩展前、扩展中和扩展后,特殊云使用监控器收集IT资源的使用信息,以便帮助定义虚拟服务器将来的处理容量阈值;②按使用付费监控器。按使用付费监控器负责收集资源使用成本信息,该信息随着弹性供给而变化;③资源复制。资源复制在本架构模型中用来生成扩展IT资源的新实例。

五、服务负载均衡架构

服务负载均衡架构可以被认为是工作负载分布架构的一个特殊变种,它是专门针对扩展云服务实现的。在动态分布工作负载上增加负载均衡系统,就创建了云服务的冗余部署。云服务实现的副本被组织为一个资源池,而负载均衡器则作为外部或内置组件,允许托管服务器自行平衡工作负载。根据托管服务器环境的预期工作负载和处理能力,每个云服务实现的多个实例可以被生成为资源池的一部分,以便更有效地响应请求量的变化。负载均衡器在位置上可以独立于云设备及其主机服务器,也可以成为应用程序或服务器环境的内置组件。对于后一种情况,由包含负载均衡逻辑的主服务器与周围服务器进行通信,实现工作

---

①许豪.云计算导论[M].西安:西安电子科技大学出版社,2015.

负载的平衡。

除了负载均衡器外,服务负载均衡架构还可以包含下述机制:①云使用监控器。云使用监控器可以监控云服务实例及其各自的IT资源消耗水平,还可以涉及各种运行时监控和使用数据收集任务;②资源集群。该架构中包含主动/主动集群组,可以帮助集群内不同成员之间的负载均衡;③资源复制。资源复制机制用于产生云服务实现,以支持负载均衡请求。

六、云爆发架构

云爆发架构建立了一种动态扩展的形式,只要达到预先设置的容量阈值,就从企业内部的IT资源扩展或"爆发"到云中。相应的基于云的IT资源是冗余性预部署,它们会保持非活跃状态,直到发生云爆发。当不再需要这些资源后,基于云的IT资源被释放,而架构则"爆发入"企业内部,回到企业内部环境。

云爆发是弹性扩展架构,它向云用户提供一个使用基于云的IT资源的选项,但这个选项只用于应对较高的使用需求。这种架构模型的基础是自动扩展监听器和资源复制机制。自动扩展监听器决定何时将请求重定向到基于云的IT资源,而资源复制机制则维护企业内部和基于云的IT资源之间的状态信息的同步。除了自动扩展监听器和资源复制机制之外,许多其他机制也被用于该架构,它们主要依据被扩展IT资源的类型,进行自动地动态爆发人与爆发出。

七、弹性磁盘供给架构

弹性磁盘供给架构建立了一个动态存储供给系统,它确保按照云用户实际使用的存储量进行精确计费。该系统采用自动精简供给技术实现存储空间的自动分配,并进一步支持运行时使用监控来收集准确的使用数据以便计费。自动精简供给软件安装在虚拟服务器上,通过虚拟机监控器处理动态存储分配。同时,按使用付费监控器跟踪并报告与磁盘使用数据相关的精确计费。

除了云存储设备、虚拟服务器和按使用付费监控器之外,该架构还可能包含如下机制:①云使用监控器。特殊云使用监控器用来跟踪并记录存储使用的变化;②资源复制。当需要将动态薄磁盘存储转换为静态厚磁盘存储时,资源复制就成为弹性磁盘供给系统的一部分。

八、冗余存储架构

云存储设备有时会遇到一些故障和破坏,造成这种情况的原因包括:网络连接问题,控制器或一般硬件故障,或者安全漏洞。一个组合的云存储设备的可靠性会存在连锁反应,这会使云中依赖其可用性的全部服务、应用程序和基础设施组件都遭受故障影响。

冗余存储架构引入了复制的辅云存储设备作为故障系统的一部分,它要与主云存储设备中的数据保持同步。当主设备失效时,存储设备网关就把云用户请求转向辅设备。该云架构主要依靠的是存储复制系统,它使得主云存储设备与其复制的辅云存储设备保持同步。通常由于经济原因,云提供者会将辅云存储设备放置在与主云存储设备不同的地理区域中。然而,这样又会引起某些类型数据上的法律问题。辅云存储设备的位置可以决定同步的协议和方法,因为某些复制传输协议存在距离限制。

有些云提供者在使用存储设备时,利用双阵列和存储控制器来增加设备冗余度,并将辅存储设备放置在不同的物理地址以便进行云均衡和灾害恢复。在这种情况下,为了在两个设备间实现复制,云提供者可能需要租用第三方云提供者的网络连接。

第二节 高级云架构

一、虚拟机监控器集群架构

虚拟机监控器可以负责创建和管理多个虚拟服务器。因为这种依赖关系,任何影响虚拟机监控器失效的状况都会波及它管理的虚拟服务器。

虚拟机监控器集群架构建立了一个跨多个物理服务器的高可用虚拟机监控器集群。如果一个给定的虚拟机监控器或其底层物理服务器变得不可用,则被其托管的虚拟机服务器可迁移到另一物理服务器或虚拟机监控器上来保持运行时操作。

虚拟机监控器集群由中心 VIM 控制。VIM 向虚拟机监控器发送常规心跳消息来确认虚拟机监控器是否在运行。心跳消息未被应答将使 VIM 启动 VM 在线迁移程序,以动态地将受影响的虚拟机监控器移动到一个新的主机上。

虚拟机监控器集群使用共享云存储设备来实现虚拟服务器的在线迁移。除了形成这种架构模型核心的虚拟机监控器和资源集群机制以及受到集群环境保护的虚拟服务器,还可以加入下面这样一些机制:①逻辑网络边界。这种机制创建的逻辑边界确保没有其他云用户的虚拟机监控器会意外地被包含到一个给定的集群中;②资源复制。同一集群中的虚拟机监控器相互告知其状态和可用性。诸如在集群中创建或删除一个虚拟交换机之类的变化更新需要通过 VIM 复制到所有的虚拟机监控器。

二、负载均衡的虚拟服务器实例架构

在物理服务器之间保持跨服务器的工作负载均衡是很难的一件事情,因为物理服务器的运行和管理是互相隔离的。很容易就会造成一个物理服务器比它的邻近服务器承载更多的虚拟服务器或收到更高的工作负载。随着时间的变化,物理服务器的过低或过高使用都可能会显著增加,这导致持续的性能挑战(对使用过度的服务器)或持续的浪费(对使用过低的服务器,失去了处理的潜能)。

除了虚拟机监控器、资源集群、虚拟服务器和(容量看门狗)云使用监控器之外,这个架构还可以包含下述机制:①自动伸缩监听器。自动伸缩监听器可以用来启动负载均衡的过程,通过虚拟机监控器动态地监控进入每个虚拟服务器的工作负载;②负载均衡器。负载均衡器机制负责在虚拟机监控器之间分配虚拟服务器的工作负载;③逻辑网络边界。逻辑网络边界保证一个给定的虚拟服务器的重新定位的目的地仍然是遵守 SLA 和隐私规定的;④资源复制。虚拟服务器实例的复制可被要求作为负载均衡功能的一部分。

三、不中断服务重定位架构

造成云服务不可用的原因有很多,例如运行时使用需求超出了它的处理能力、维护更新要求必须暂时中断、永久地迁移至新的物理服务器主机。如果一个云服务变得不可用,云服务用户的请求通常会被拒绝,这样有可能会导致异常的情况。即使中断是计划中的,也不希望发生云服务对云用户暂时不可用的情况。

不中断服务重定位架构,这个系统预先定义的事件触发云服务实现的运行时复制或迁移,因而避免了中断。通过在新主机上增加一个复制的实现,云服务的活动在运行时可被暂时转移到另一个承载环境上,而不是利用冗余的实现对云服务进行伸缩。类似地,当原始的实现因维护需要中断时,云服务用户的请求也可以被暂时重定向到一个复制的实现。云服务实现和任何云服务活动的重定位也可以是把云服务迁移到新的物理主机上。

这个底层架构一个关键的方面是要保证在原始的云服务实现被移除或删除之前,新的云服务实现能够成功地接收和响应云服务用户的请求。一种常见的方法是采用 VM 在线迁移,移动整个承载该云服务的虚拟服务器实例。自动伸缩监听器和负载均衡器机制可以用来触发一个临时的云服务用户请求的重定向,以满足伸缩和工作负载分配的要求。两种机制中任意一种都可以与 VIM 联系,以发起 VM 在线迁移的过程。

根据虚拟服务器的磁盘位置和配置,虚拟服务器迁移可能以如下两种方式之一发生:如果虚拟服务器的磁盘存储在一个本地存储设备或附加到源主机的非共享远程存储设备上,那么就在目标主机上创建虚拟服务器磁盘副本。在创建好副本之后,两个虚拟服务器实例会进行同步,然后虚拟服务器的文件会从源主机上删除;如果虚拟服务器的文件是存储在源和目的主机间共享的远程存储设备上,那么就不需要拷贝虚拟服务器磁盘。只需要简单地将虚拟服务器的所有权从源转移到目的物理服务器主机,虚拟服务器的状态就会自动同步。持久的虚拟网络配置架构可以支持这个架构,这样一来,迁移的虚拟服务器定义好的网络配置就会保留下来,从而保持了与云服务用户的连接。

除了有自动伸缩监听器、负载均衡器、云存储设备、虚拟机监控器和虚拟服务器外,这个架构里还可以包含其他一些机制:①云使用监控器。可以用不同类型的云使用监控器来持续追踪IT资源的使用情况和系统行为;②按使用付费监控器。用按使用付费监控器来收集数据,由此计算源和目的位置的IT资源服务使用费;③资源复制。资源复制机制是用来在目的端实例化云服务的卷影副本;④SLA管理系统。在云服务复制或重定位期间及之后,这个管理系统负责处理SLA监控器提供的SLA数据,以获得云服务可用性的保证;⑤SLA监控器。这个监控机制收集SLA管理系统所需的SLA信息,如果可用性保证是依赖于此架构来实现的,那么SLA监控器对这个架构来说就是必要的。[①]

四、零宕机架构

物理服务器自然地就是它承载的虚拟服务器的单一失效点。所以,当物理服务器故障或者被损害的时候,它承载的某些(或者所有)虚拟服务器都会受到影响。这使得云提供者向云用户做出的零宕机时间的承诺变得非常难保证。

零宕机架构是一个非常复杂的故障转移系统,在虚拟服务器原始的物理服务器主机失效时,允许它们动态地迁移到其他物理服务器主机上。多个物理服务器会聚成一组,由容错系统控制,而容错系统具有把活动从一台物理服务器切换到另一台却不引起中断的能力。VM在线迁移组件通常是这种形式的高可用云架构的核心部分。这样得到的容错能够保证在物理服务器失效时,它所承载的虚拟服务器会迁移到备用的物理服务器。所有的虚拟服务器都存储在共享的介质上(根据持久的虚拟网络配置架构),这样同一组中的其他物理服务器主机就能够访问它们的文件。

除了故障转移系统、云存储设备和虚拟服务器机制,这个架构还可以包含如下机制:①审计监控器。可能需要这个机制来检查虚拟服务器的

①陈赤榕. 云计算服务 运营管理与技术架构[M]. 北京:清华大学出版社,2014.

重定位是否把它所承载的数据放置到了应该禁止的位置;②云使用监控器。实现这个机制是为了监控云用户对IT资源的实际使用情况,以确保不超出云用户的虚拟服务器容量;③虚拟机监控器。每个受到影响的物理服务器的虚拟机监控器承载着受到影响的虚拟服务器;④逻辑网络边界。逻辑网络边界提供和维护一种隔离,用来确保在虚拟服务器重定位之后,每个云用户都还在它自己的逻辑边界内;⑤资源集群。资源集群机制是用来创建不同类型的主动—主动集群组,以协同改进虚拟服务器承载的IT资源的可用性;⑥资源复制。这个机制可以在主虚拟服务器失效的时候创建新的虚拟服务器和云服务实例。

五、云负载均衡架构

云负载均衡架构是一个特殊的架构模型,借助这个模型,IT资源可以在多个云之间进行负载均衡。云服务用户请求的跨云负载均衡可以帮助:提高IT资源的性能和可扩展性、增加IT资源的可用性和可靠性、改进负载均衡和IT资源优化云。负载均衡功能主要建立在自动伸缩监听器和故障转移系统机制结合的基础上。一个完整的云负载均衡架构可以包含很多其他的组件(和其他可能的机制)。开始时,自动伸缩监听器和故障转移系统机制作用如下:①根据当前的扩展性和性能要求,自动伸缩监听器把云服务用户的请求重定向到几个冗余的IT资源实现中的一个;②故障转移系统保证在IT资源内或其底层的承载环境出现故障时,冗余的IT资源能够进行跨云的负载均衡。IT资源的失效会被广播,这样自动伸缩监听器可以避免把云服务用户的请求路由到不可用或者不稳定的IT资源上。

为了云负载均衡架构能有效工作,自动伸缩监听器需要知道云负载均衡架构范围内所有的冗余IT资源实现。如果跨云的IT资源实现不能手动同步,可能就需要使用资源复制机制进行自动同步。

六、资源预留架构

根据IT资源共享使用的设计方式以及它们可用的容量等级,并发访问可能会导致运行时异常情况,这称为资源受限。当两个或更多的云用户被分配到共享同一个IT资源而该IT资源没有足够的容量来容纳这些云用户的处理要求时,就会发生资源受限情况。由此,一个或更多的云用户就会遇到性能下降或被拒绝服务。云服务自身也会出现性能下降,并导致所有的云用户被拒绝服务。

当一个IT资源(特别是该IT资源没有被特别设计成支持共享)被不同的云服务用户并发地访问时,还有可能发生其他类型的运行时冲突。例如,嵌套的或兄弟资源池引入了资源借用的概念,也就是一个资源池可以临时从其他资源池借用IT资源。当借用该IT资源的云服务用户拖延了使用时间而没有归还借用的IT资源时,就会引发运行时冲突。这不可避免地又会导致出现资源受限。

创建IT资源预留系统可以要求用资源管理系统机制来定义对每个IT资源和资源池的使用阈值。预留锁定每个池需要保留的IT资源量,池中剩余的IT资源仍然可用来共享和借用。还可以使用远程管理系统机制,使得在前端可以进行自定义,这样一来云用户就可以控制管理它们预留的IT资源配额。

这个架构中通常会保留的机制类型包括云存储设备和虚拟服务器。还可以包括其他机制:①审计监控器。审计监控器用来检查资源预留系统是否遵守了云用户的审计、隐私和其他法规的要求。例如,它可能会追踪保留的IT资源的地理位置;②云使用监控器。云使用监控器会监视触发分配预留IT资源的阈值;③虚拟机监控器。虚拟机监控器机制可以向不同的云用户提供预留,保证正确地给他们分配了保证过的IT资源;④逻辑网络边界。这种机制建立起了必要的边界,保证预留的IT资源只对某些云用户可用;⑤资源复制。需要持续告知这个组件每个云用户的IT资源消耗的界限,以便能方便地复制和提供新的IT资源实例。

七、动态故障检测与恢复架构

基于云的环境可以由超大规模数量的、同时被大量云用户访问的IT资源组成。这些IT资源中的任意一个都可能发生手动干预无法解决的失效情况。手动管理和解决IT资源故障通常效率很低且不切实际。

动态故障检测和恢复架构建立起了一个弹性的看门狗系统,以监控范围广泛的预先定义的故障场景,并对之做出响应。对于自己不能自动解决的故障情况,该系统会发出通知,并做升级处理。它依赖于一个特殊的云使用监控器,称为智能看门狗监控器,主动地追踪IT资源,对预先定义的事件采取预先定义的措施。可以为每个IT资源定义恢复策略顺序,以确定智能看门狗监控器在发生失效时需要采取的步骤。有各种各样的程序和产品可以作为智能看门狗监控器,大多数都集成在标准的通知单和事件管理系统中。

这个架构模型还可以包含下面这样一些机制:①审计监控器。这个机制用来追踪数据的恢复是否遵守了法律或策略的要求;②故障转移系统。通常在最初尝试恢复失效的IT资源时会使用故障转移系统机制;③SLA管理和SLA监控器。由于采用这个架构能实现的功能和SLA保证是密切相关的,所以这个系统通常依赖于SLA管理和SLA监控器机制管理并处理的信息。

八、裸机供给架构

因为现在大多数物理服务器的操作系统都自带有远程管理软件,所以远程提供服务器是很常见的。不过对于裸机服务器来说,就没有常规的远程管理软件可以用了,所谓裸机服务器是指没有预装操作系统或其他任何软件的物理服务器。

现代大多数物理服务器在其ROM里都提供远程安装管理支持。有些厂商需要扩展卡才能支持这个功能,而有些已经把这个组件集成到芯片组里了。裸机供给架构建立起的系统利用了这个特性以及特殊的服务代理,后者用来发现并有效地远程提供整个操作系统。

集成到服务器ROM中的远程管理软件在服务器启动后就可用了。通常用基于Web的或专有的用户接口(比如远程管理系统提供的门户)来连接到物理服务器的本地远程管理接口。通过默认的IP或是通过配置DHCP服务,远程管理接口的IP地址可以手动配置。IaaS平台中的IP地址可以直接告诉云用户,这样它们就可以自主地完成裸机操作系统的安装。

尽管远程管理软件是用来连接到物理服务器控制台和部署操作系统

的,但关于它的使用有两个常见的问题:手动部署多台服务器容易出现人为的疏漏和配置错误;远程管理软件可能是时间密集型的,需要大量的运行时IT资源处理。

裸机供给系统用下面的组件来解决上述问题:①发现代理。这是一种监控代理,搜索并找到可用的物理服务器以分配给云用户;②部署代理。这个管理代理安装在物理服务器的内存中,作为裸机供给部署系统的客户端;③发现区。这个软件组件扫描网络,定位可用的、要连接的物理服务器;④管理加载器。这个组件连接到物理服务器,为云用户加载管理选项;⑤部署组件。这个组件负责在选定的物理服务器上安装操作系统。

裸机供给系统提供了一个自动部署的功能,允许云用户连接到部署软件,同时提供多个服务器或操作系统。中央部署系统通过管理接口连接到服务器,用同样的协议在物理服务器的RAM里面作为一个代理进行上传和操作。这样,裸机服务器就变成了一个安装有管理代理的原始客户端,部署软件上传所需的安装软件以部署操作系统。

可以通过智能自动化引擎和自助服务入口来使用部署映像、操作系统部署自动化或不需人干预的部署和安装后配置脚本来扩展这个架构的功能。

这个架构还可以包括下述一些机制:①云存储设备。这个机制存储操作系统模板和安装文件以及供给系统的部署代理和部署包;②虚拟机监控器。可能会要求作为操作系统供给的一部分,在物理服务器上部署虚拟机监控器;③逻辑网络边界。逻辑网络边界帮助保证物理裸机服务器只能被授权的云用户访问;④资源复制。实现这个机制是为了复制IT资源,在供给过程中或之后,在一台物理服务器上部署一个新的虚拟机管理器,对虚拟机管理器的工作负载进行负载均衡;⑤SLA管理系统。这个管理机制保证了物理裸机服务器的可用性与预先设定好的SLA条款一致。

九、快速供给架构

传统的供给过程包括很多原来由管理员和技术专家手动完成的任

务,他们要按照预先打包好的规范说明或者自定义的用户请求把所请求的IT资源准备好。在云环境中,如果要服务的用户量很大或者用户量较为平均但是请求的IT资源量很大,手动供给就会无法满足要求,甚至会由于人为错误和低效的响应时间导致极大的风险。例如,云用户请求安装、配置和更新25个Windows服务器和几个应用程序,要求半数的应用程序的安装完全一样,而另一半需要自定义。每个操作系统部署可能要花费30分钟,打安全补丁和要求服务器重启的操作系统更新也需要额外的时间。最后还需要对应用程序进行部署和配置。手动或者半自动的方法要求大量的时间,而且引入了人为出错的概率,安装越多,出错的概率也越高。

快速供给架构建立的系统将大范围的IT资源供给进行了自动化,这些IT资源可以是单个的,也可以是联合起来的。快速IT资源供给的底层技术架构可以是非常精密和复杂的,它依赖于一个由自动供给程序、快速供给引擎以及按需供给的脚本和模板组成的系统。

有很多其他的架构组件可以用来协调和自动化IT资源供给的各个方面,包括:①服务器模板。虚拟映像文件模板,用来自动化新虚拟服务器的实例;②服务器映像。这些映像类似于虚拟服务器模板,但是用于供给物理服务器;③应用包。打包用于自动部署的各种应用以及其他一些软件;④应用打包程序。用来创建应用包的软件;⑤自定义脚本。自动化管理任务的脚本,作为智能自动化引擎的一部分;⑥顺序管理器。组织自动化供给任务顺序的程序;⑦顺序日志记录器。日志记录自动化供给任务顺序的组件;⑧操作系统基准。在操作系统安装好之后,应用这个配置模板快速准备好操作系统供用户使用;⑨应用配置基准。一个配置模板,带有准备新应用供使用时需要的设置和环境参数;⑩部署数据存储。存储虚拟映像、模板、脚本、基准配置和其他相关数据的库。

为了帮助对快速供给引擎内部工作原理的理解,下面将按步骤描述其工作过程,其中还包括了一些之前列出的系统组件:①云用户通过自助服务入口请求一个新的服务器;②顺序管理器把请求转发给部署引擎,让它准备好操作系统;③如果请求的是虚拟服务器,部署引擎就使用虚拟服务器模板来做供给。否则,部署引擎就发送请求,请求供给一个物理服务器;④如果可用,就使用所请求类型的操作系统预先定义的映像来提供该操作系统。否则,就要执行常规的部署处理来安装该操作系统;⑤当操作系统准备好之后,部署引擎就通知顺序管理器;⑥顺序管理器更新日志并发送到顺序日志记录器,存储起来;⑦顺序管理器请求部署引擎对要提供的操作系统应用操作系统基准;⑧部署引擎应用所请求的操作系统基准;⑨部署引擎通知顺序管理器操作系统基准已经应用完成;⑩顺序管理器更新和发送已经完成步骤的日志到顺序日志记录器并存储起来;⑪顺序管理器请求部署引擎安装应用程序;⑫部署引擎在要提供的服务器上安装应用程序;⑬部署引擎通知顺序管理器应用已经安装完成;⑭顺序管理器更新和发送已经完成步骤的日志到顺序日志记录器并存储起来;⑮顺序管理器请求部署引擎实施应用程序的配置基准;⑯部署引擎实施配置基准;⑰部署引擎通知顺序管理器配置基准已经实施完毕;⑱顺序管理器更新和发送已经完成步骤的日志到顺序日志记录器并存储起来。

云存储设备机制用来为应用基准信息、模板和脚本提供存储,而虚拟机监控器快速创建、部署和承载虚拟服务器,这些虚拟服务器可以本身就是提供的对象,也可以承载着其他的IT资源。资源复制机制通常用来为响应快速供给的需求,生成IT资源的复制实例。

十、存储负载管理架构

过度使用云存储设备增加了存储控制器的工作负载,可能导致各种性能问题。相反地,对云存储设备的使用过低是一种浪费,因为损失了处理和存储容量的潜能。存储负载管理架构使得LUN可以均匀地分布在可用的云存储设备上,而存储容量系统则用来确保运行时工作负载均匀地分布在LUN上。把云存储设备合并成一个组,允许LUN数据在可用的存储主机上均匀地分布。在LUN访问不太频繁的时段或只在特殊的时间里,存储容量系统可以使存储设备工作在节能模式。

除了云存储设备,存储负载管理架构还可以包括以下一些机制:①审计监控器。这个监控机制用来检查对法规、隐私和安全要求的遵守情况,因为由这个架构建立起来的系统可以在物理上重新定位数据;②自动伸缩监听器。自动伸缩监听器用来监视和响应工作负载的波动;③云使用监控器。除了容量工作负载监控器,特殊的云使用监控器可以用来追踪LUN的移动以及收集工作负载分布的统计数据;④负载均衡器。添加这一机制是用来在可用的云存储设备之间水平地对工作负载作均衡;⑤逻辑网络边界。逻辑网络边界提供了各种层次的隔离,这样云用户的数据即使在重新定位之后,也能够对未授权方保持不可访问。

第三节 特殊云架构

一、直接I/O访问架构

通过基于虚拟机监控器的处理层向托管的虚拟服务器提供对安装在物理服务器上的物理I/O卡的访问,被称为I/O虚拟化。然而,有时虚拟服务器连接和使用I/O卡并不需要任何虚拟机监控器的互动或仿真。

使用直接I/O访问架构,允许虚拟服务器绕过虚拟机监控器直接访问物理服务器的I/O卡,而不用通过虚拟机监控器进行仿真连接。

为了实现这一解决方案,并且在与虚拟机监控器没有交互的情况下访问物理I/O卡,主机CPU需要安装在虚拟服务器上的合适的驱动器来支持这种类型的访问。驱动器安装后,虚拟服务器就可以将I/O卡当作硬件设备来进行组织。除了虚拟服务器和虚拟机监控器之外,本架构还可以包括如下机制:①云使用监控器。由运行时监控器收集的云服务使用数据会包含直接I/O访问,可以对这些访问进行独、立分类;②逻辑网络边界。逻辑网络边界确保被分配的物理I/O卡不允许云用户去访问其他云用户的IT资源;③按使用付费监控器。此监控器为分配的物理I/O卡收集使用成本信息;④资源复制。复制技术用于使物理I/O卡取代虚拟I/O卡。

二、直接LUN访问架构

存储LUN常常通过主机总线适配器(HBA)映射到虚拟机监控器中，其存储空间仿真为虚拟服务器上基于文件的存储。然而，虚拟服务器有时需要直接访问基于块的RAW存储设备。例如，当实现一个集群且LUN被用作两个虚拟服务器之间的共享集群存储设备时，通过仿真适配器进行访问是不够的。

直接LUN访问架构，通过物理HBA卡向虚拟服务器提供了LUN访问。由于同一集群中的虚拟服务器可以将LUN当作集群数据库的共享卷来使用，因此，这种架构是有效的。实现这个解决方案后，物理主机就可以启用虚拟服务器与LUN和云存储设备的物理连接。

LUN在云存储设备上进行创建和配置，以便向虚拟机监控器显示LUN。云存储设备需要用裸设备映射来进行配置，使得LUN能作为基于块的RAW存储区域网络LUN被虚拟服务器发现，这种基于块的RAW存储区域网络LUN是一种未格式化且未分区的存储。LUN使用唯一的LUN ID来表示，它作为共享存储被所有的虚拟服务器使用。

除了虚拟服务器、虚拟机监控器和云存储设备之外，下列机制也可以成为该架构的一部分，包括：①云使用监控器。该监控器跟踪并收集直接使用LUN的存储使用信息；②按使用付费监控器。按使用付费监控器为直接LUN访问收集使用成本信息，并分别对这些信息进行分类；③资源复制。该机制与虚拟存储器如何直接访问基于块的存储有关，这种存储取代了基于文件的存储。

三、弹性网络容量架构

即使云平台的IT资源是按需扩展的，当远程访问这些具有网络带宽限制的IT资源时，其性能和可扩展性仍会受到抑制。弹性网络容量架构建立了一个系统，用于给网络动态分配额外带宽，以避免运行时出现瓶颈。该系统确保每个云用户使用不同的网络端口来隔离不同云用户的数据流量。自动扩展监听器和智能自动化引擎脚本被用于检测流量何时达到带宽阈值，并在需要时动态分配额外带宽和网络端口。云架构可以配备包括可使用共享网络端口的网络资源池。自动扩展监听器监控工作负载和网络流量,当使用出现变化时,它向智能自动化引擎发出信号,调整被分配的网络端口和带宽。需要注意的是,当这个架构模型在虚拟交换机层上实现时,智能自动化引擎可能需要运行一个独立脚本来特别增加到该虚拟交换机的物理上行链路。或者,也可以合并直接I/O访问架构来增加分配给虚拟服务器的网络带宽。

除了自动扩展监听器之外,该架构还可以包括下列机制:①云使用监控器。这些监控器负责在扩展前、扩展时和扩展后跟踪弹性网络容量;②虚拟机监控器。虚拟机监控器通过虚拟交换机和物理上行链路向虚拟服务器提供对物理网络的访问;③逻辑网络边界。本机制建立了向单个云用户提供其分配网络容量所需的边界;④按使用付费监控器。该监控器持续跟踪与动态网络带宽消耗相关的所有计费数据;⑤资源复制。资源复制用于给物理和虚拟服务器增加网络端口,以响应工作负载的需求;⑥虚拟服务器。虚拟服务器管理IT资源和云服务,给这些云服务分配网络资源,且云服务本身也受到网络容量扩展的影响。

四、跨存储设备垂直分层架构

云存储设备有时无法满足云用户的性能需求,需要更多数据处理能力或带宽来增加IOPS。这些垂直扩展的常规方法的实现通常是低效且费时的,当不再需要增加的容量时,这些资源就浪费了。

跨存储设备垂直分层架构建立了一个系统,通过在容量不同的存储设备之间垂直扩展,使得该系统能够不受带宽和数据处理能力的限制。LUN能在这个系统中的多个设备间自动进行向上向下扩展,因此,通过请求就可以使用合适的存储设备层来执行云用户的任务。

即使自动分层技术可以将数据移动到具有相同存储处理容量的云存储设备上,具有增加容量的新的云存储设备也是可以使用的。比如,固态盘就是适合升级数据处理能力的设备。

自动扩展监听器监控发往特定LUN的请求,当它发现请求已达到预定义阈值时,就驱动存储管理程序将LUN移动到更高容量的设备上。由于在传输过程中没有断开连接,因此不会出现服务中断。当LUN数据向另一个设备扩展时,原设备仍然保持启动和运行。在扩展完成后,云用户请求会自动重定向到新的云存储设备。

除了自动扩展监听器和云存储设备,该技术架构还可以包括下列机制:①审计监控器。该监控器实现审计,检查重定位的云用户数据是否与任何法律、数据隐私规范或政策冲突;②云使用监控器。该基础设施架构代表了在源存储端和目的存储端跟踪并记录数据传输和使用的各种运行时监控需求;③按使用付费监控器。在此架构的环境中,按使用付费监控器收集源端与目的端的存储使用信息以及执行跨存储分层功能的IT资源使用信息。

五、存储设备内部垂直数据分层架构

某些云用户可能会有明确的数据存储要求,需要将数据的物理位置限定在单一的云存储设备上。由于安全、隐私或各种法律原因,数据分布于不同云存储设备可能是不被允许的。这种类型的限制会使设备存储和性能容量在可扩展方面受到严格的约束。这些约束又会进一步影响到任何与该云存储设备的使用有关的云服务或应用。

存储设备内部垂直数据分层架构建立了支持在单个云存储设备中进行垂直扩展的系统。这种设备内部的扩展系统优化了不同容量的各类磁盘的可用性。

该云存储架构需要使用复杂的存储设备,以支持各种类型的硬盘,尤其是高性能硬盘,如SATA,SAS和SSD。硬盘类型组织为分级的层次结构,这样LUN迁移就可以按照分配的磁盘类型来垂直扩展设备,这些磁盘类型是与处理和容量需求相关的。

磁盘分类后,设置数据加载的条件和定义,由此,只要符合预定义的条件,那么LUN就可以迁移到相应的更高或更低的级别上。自动扩展监听器监控运行时数据处理流量时,会使用这些预定义的阈值和条件。[①]

六、负载均衡的虚拟交换机架构

虚拟服务器通过虚拟交换机与外界相连,虚拟交换机使用相同的上行链路发送和接收流量。当上行链路端口的网络流量增加到会产生传

①马献章. 数据库云平台理论与实践[M]. 北京:清华大学出版社,2016.

输延迟、性能问题、数据包丢失以及时间滞后时,就会产生带宽瓶颈。

负载均衡的虚拟交换机架构建立了一个负载均衡系统,提供了多条上行链路来平衡多条上行链路或冗余路径之间的网络流量负载,从而有助于避免出现传输迟缓和数据丢失。执行链路聚合可以平衡流量,它使得工作负载同时分布在多个上行链路中,因此不会有网卡出现超负荷的情况。虚拟交换机需要进行配置,以支持多物理上行链路,通常将其配置为经过流量整形规范定义的NIC组。

该架构还包括下列机制:①云使用监控器。用于监控网络流量和带宽使用情况;②虚拟机监控器。该机制控制并向虚拟服务器提供对虚拟交换机和外网的访问;③负载均衡器。负载均衡器在不同的上行链路上分配网络负载;④逻辑网络边界。逻辑网络边界创建边界以保护和限制每个云用户对带宽的使用;⑤资源复制。该机制用于为虚拟交换机创建额外的上行链路;⑥虚拟服务器。虚拟服务器控制由虚拟交换机额外的上行链路和带宽所带来的IT资源。

七、多路径资源访问架构

某些IT资源只能通过指向其确切位置的指定路径(或超链接)进行访问。这个路径可能会丢失,也可能被云用户进行了错误地定义,还可能被云提供者修改。而一旦IT资源的超链接不再属于某个云用户,则该资源就无法访问,从而变得不可用。导致IT资源不可用的异常条件会危害依靠该资源的较大云解决方案的稳定性。多路径资源访问架构建立了一个多路径系统,它为IT资源提供可替换的路径。因此,云用户可以通过编程或手动方式克服路径故障。该技术架构要求使用多路径系统,为特定的IT资源产生指定的可替换物理或虚拟超链接。多路径系统驻留在服务器或虚拟机监控器中,确保每个IT资源在被其每条可替换路径发现时都是相同的。

该架构可以包含下列机制:①云存储设备。云存储设备是常见的IT资源,为了维持依赖于数据访问解决方案的可访问性,需要可替换的访问路径;②虚拟机监控器。为了与托管虚拟服务器之间有冗余链路,虚拟机监控器需要有可替换的路径;③逻辑网络边界。该机制维护云用户隐私,即使同一IT资源已经具备了多条路径也是如此;④资源复制。当需要创建IT资源的新实例来产生可替换路径时,就需要资源复制机制;⑤虚拟服务器。这些服务器管理可以通过不同链路或虚拟交换机进行多路径访问的IT资源。虚拟机监控器为虚拟服务器提供多路径访问。

八、持久虚拟网络配置架构

在托管物理服务器上和控制虚拟服务器的虚拟机监控器上创建虚拟交换机的同时,为虚拟服务器配置网络并指定端口。这些配置和指定信息保存在该虚拟服务器的直接托管环境中。这就意味着,当该虚拟服务器移动或迁移到另一个主机上时,它就会失去网络连接,因为目的托管环境上没有分配所需要的端口和网络配置信息。

在持久虚拟网络配置架构中,网络配置信息进行集中存储,并复制到所有的物理服务器主机上。这就使得一个虚拟服务器从一个主机移动到另一个主机时,目的主机可以访问配置信息。该架构建立的系统包括一个集中式虚拟交换机、VIM以及配置复制技术。集中式虚拟交换机被物理服务器共享,并通过VIM进行配置,VIM还将配置信息复制到每台物理服务器上。

除了提供迁移系统的虚拟服务器机制外,该架构还可以包括下列机制:①虚拟机监控器。虚拟机监控器控制需要在物理主机间复制配置信息的虚拟服务器;②逻辑网络边界。逻辑网络边界有助于在虚拟服务器迁移前后,确保被访问的虚拟服务器及其IT资源与正当云用户之间的隔离;③资源复制。通过集中式虚拟交换机,资源复制机制用于在虚拟机监控器间复制虚拟交换机配置和网络容量分配信息。

九、虚拟服务器的冗余物理连接架构

虚拟服务器由虚拟交换机上行链路端口连接到外网,这就意味着,如果上行链路出现故障,那么该虚拟服务器就会失去与外网的连接,变成隔离状态。虚拟服务器的冗余物理连接架构建立一条或多条冗余上行链路连接,并将它们置为备用模式。一旦主上行链路连接变得不可用,该架构确保有冗余上行链路可以连接到有效的上行链路。这个过程对

虚拟服务器及其用户而言是透明的。但主上行链路失效时,一个备用上行链路便自动成为有效上行链路,虚拟服务器就可以使用这个新的有效上行链路向外部发送数据包。当主上行链路有效时,即使辅NIC接收到了虚拟服务器的数据包,它也不转发任何信息。然而,如果主上行链路失效,那么辅上行链路就会立刻开始转发数据包。当失效链路修复后,它仍然为主上行链路,此时辅NIC再次进入备用模式。

除了虚拟服务器之外,下列机制也是该架构的常见组件:①故障转移系统。故障转移系统实现从不可用上行链路向备用上行链路的转换;②虚拟机监控器。该机制管理虚拟服务器和部分虚拟交换机,并允许虚拟网络和虚拟交换机访问虚拟服务器;③逻辑网络边界。逻辑网络边界确保为每个云用户分配和定义的虚拟交换机是相互隔离的;④资源复制。资源复制用于将有效上行链路的当前状态复制到备用上行链路上,以保持网络连接性。

第三章 云计算体系架构设计

第一节 基础设施即服务

一、IaaS概述

要实现信息化,就需要一系列的应用软件来处理应用的业务逻辑,还需要将数据以结构化或非结构化的形式保存起来,也要构造应用软件与使用者之间的桥梁,使应用软件的使用者可以使用应用软件获取或保存数据。这些应用软件需要一个完整的平台以支撑它的运行,这个平台通常包括网络、服务器和存储系统等构成企业IT系统的硬件环境,也可以包括操作系统、数据库、中间件等基础软件,这个由IT系统的硬件环境和基础软件共同构成的平台称为IT基础设施。IaaS就是将这些硬件和基础软件以服务的形式交付给用户,使用户可以在这个平台上安装部署各自的应用系统。

1.IaaS的定义

IaaS指将IT基础设施能力(如服务器、存储、计算能力等)通过网络提供给用户使用,并根据用户对资源的实际使用量或占有量进行计费的一种服务。因此,IaaS的服务通常包括以下内容:①网络和通信系统提供的通信服务;②服务器设备提供的计算服务;③数据存储系统提供的存储服务。

2.IaaS提供服务的方法

首先,IaaS云服务的提供者会依照其希望提供的服务建设相应的资源池,即通过虚拟化或服务封装的手段,将IT设备可提供的各种能力,如通信能力、计算能力、存储能力等,构建成资源池,在资源池中,这种能力可以被灵活地分配、使用与调度。但由一种资源池提供的服务的功能较单一,不能直接满足应用系统的运行要求,IaaS 提供者需将几种资源池提供的服务进行组合,包装成 IaaS 服务产品。例如,一个虚拟化服务器产品可能需要来自网络和通信服务的 IP 地址和 VLAN ID,需要来自计算服务的虚拟化服务器,需要来自存储服务的存储空间,还可能需要来自软件服务的操作系统。

同时,IaaS 提供者还需要将能够提供的服务组织成 IaaS 服务目录,以说明能够提供何种 IaaS 服务产品,使 IaaS 使用者可以根据应用系统运行的需要选购 IaaS 产品。IaaS 提供者通常以产品包的形式向 IaaS 使用者交付 IaaS 产品,产品包可能很小,也可能很大,小到一台运行某种操作系统的服务器,大到囊括支持应用系统运行的所有基础设施,包括网络、安全、数据处理和数据存储等多种产品,IaaS 使用者可以像使用直接采购的物理硬件设备和软件设备一样使用 IaaS 提供的服务产品。

3.IaaS 云的特征

作为云服务的一种类型,IaaS 服务同样具备云服务的特征,同时具备 IaaS 云独有的特性。

(1)随需自服务。对于 IaaS 服务的使用者,从 IaaS 服务产品的选择,发出服务订单,获取和使用 IaaS 服务产品,到注销不再需要的产品都可以通过自助服务的形式进行;对于 IaaS 服务的提供者,从 IaaS 服务订单确认,服务资源的分配,服务产品的组装生产,到对服务包交付过程中全生命周期的管理,都使用了自动化的管理工具,可以随时响应使用者提出的请求。

(2)广泛的网络接入。IaaS 获取和使用 IaaS 服务都需要通过网络进行,网络成为连接服务提供者和使用者的纽带。同时,在云服务广泛存在的情况下,IaaS 服务的提供者也会是服务的使用者,这不单是指支撑 IaaS 提供者服务的应用系统运行在云端,IaaS 提供者还可能通过网络获取其他提供者提供的各种云服务,以丰富自身的产品目录。

(3)资源池化。IaaS 服务的资源池化是指通过虚拟化或服务封装的手段,将 IT 设备可提供的各种能力,如通信能力、计算能力、存储能力等,构建成资源池,在资源池中,这些能力可以被灵活的分配、使用与调度。各种各样的能力被封装为各种各样的服务,进一步组成各种各样的服务产品。使用者为使用某种能力而选择某种服务产品,而真正能力的提供者是资源池。

(4)快速扩展。在资源池化后,用户所需要或订购的能力和资源池能够提供的能力相比较是微不足道的,因此,对某个用户来说,资源池的容量是无限的,可以随时获得所需的能力;另一方面,对服务提供者来说,资源池的容量一部分来自底层的硬件设施,可以随时采购,不会过多受到来自应用系统需求的制约;而另一部分可能来自其他云服务的提供者,它可以整合多个提供者的资源为用户提供服务。

(5)服务可度量。不论是公有云还是私有云,服务的使用者和提供者之间都会对服务的内容与质量有一个约定,为了保证约定的达成,提供者需要对提供的服务进行度量与评价,以便对所提供的服务进行调度、改进与计费。

4.IaaS 和虚拟化的关系

服务器虚拟化与 IaaS 云既有密切的联系又有本质的区别,不能混为一谈。服务器虚拟化是一种虚拟化技术,它将一台或多台物理服务器的计算能力组合在一起,组成计算资源池,并能够从计算资源池中分配适当的计算能力重新组成虚拟化的服务器。常见的服务器虚拟化技术包括 X86 平台上的 VMware,微软 Hyper－V、Xen 和 KVM 等,IBM Power 平台上的 Power VM,Oracle Sun 平台上的 Sun Fire 企业级服务器动态系统域,T5000 系列服务器支持的 LDOM,Solaris 10 操作系统支持的 Container 等。服务器虚拟化和网络虚拟化(如 VLAN)及存储虚拟化都是数据中心常见的虚拟化技术。

IaaS 云是一种业务模式,它以服务器虚拟化、网络虚拟化、存储虚拟化等各种虚拟化技术为基础,向云用户提供各种类型的能力的服务。为了达到这一目的,IaaS 云的运营者首先需要对通过各种虚拟化技术构成的资源池进行有效的管理,并能够向云用户提供清晰的服务目录以说明 IaaS 云能够提供何种服务,同时能够对已经交付给云用户的服务进行监控与管理,以满足服务的 SLA 需求,这些工作都属于 IaaS 云业务管理体系的内容。由此可见,IaaS 云较服务器虚拟化具有更多的内容。

另外,服务器虚拟化又是 IaaS 云的关键技术之一,通常也是 IaaS 建设过程中第一个关键性步骤,很多企业都希望从服务器虚拟化入手进行 IaaS 云建设。在服务器虚拟化建设完成后,要达到 IaaS 云的建设目标还要完成 IaaS 云的业务管理体系的建设等工作。

二、IaaS 技术架构

IaaS 通过采用资源池构建、资源调度、服务封装等手段,可以将资源池化,实现 IT 资产向 IT 资源按需服务的迅速转变。通常,基础设施服务的总体技术架构主要分为资源层、虚拟化层、管理层和服务层等四层架构。

1.资源层

位于架构最底层的是资源层,主要包含数据中心所有的物理设备,如硬件服务器、网络设备、存储设备及其他硬件设备,在基础架构云平台中,位于资源层中的资源不是独立的物理设备个体,而是组成一个集中的资源池,因此,资源层中的所有资源将以池化的概念出现。这种汇总或者池化,不是物理上的,而是一种概念,指的是资源池中的各种资源都可以由 IaaS 的管理人员进行统一的、集中的运行维护和管理,并且可以按照需要随意地进行组合,形成一定规模的计算资源或者计算能力。资源层的主要资源如下:

(1)计算资源。计算资源指的是数据中心各类计算机的硬件配置,如机架式服务器、刀片服务器、工作站、桌面计算机和笔记本等。在 IaaS 架构中,计算资源是一个大型资源池,不同于传统数据中心的最明显特点是,计算资源可动态、快速地重新分配,并且不需要中断应用或者业务。不同时间,同一计算资源被不同的应用或者虚拟机使用。

(2)存储资源。存储资源一般分为本地存储和共享存储。本地存储指的是直接连接在计算机上的磁盘设备,如 PC 普通硬盘、服务器高速硬盘、外置 USB 接口硬盘等;共享存储一般指的是 NAS、SAN 或者 iSCSI 设备,这些设备通常由专用的存储厂提供。在 IaaS 架构中,存储资源的主要目的除了存放应用数据或者数据库外,更主要的用途是存放大量的虚拟机。而且,在合理设计的IaaS架构中,由于应用高可用性、业务连续性等因素,一般都会选择在共享存储上存放虚拟机,而不是在本地存储中。

(3)网络资源。网络资源一般分为物理网络和虚拟网络。物理网络指的是硬件网络接口(NIC)连接物理交换机或其他网络设备的网络。虚拟网络是人为建立的网络连接,其连接的另一方通常是虚拟交换机或者虚拟网卡。为了适应架构的复杂性,满足多种网络架构的需求,IaaS架构中的虚拟网络可以具有多种功能,在前面虚拟化中网络虚拟化已提到过。虚拟网络资源往往带有物理网络的特征,如可以为其指定VLAN ID,允许虚拟网络划分虚拟子网等。

2.虚拟化层

位于资源层之上的是虚拟化层,虚拟化层的作用是按照用户或者业务的需求,从资源池中选择资源并打包,从而形成虚拟机应用于不同规模的计算。如果从池化资源层中选择了两颗物理CPLT、4GB物理内存、100GB存储,便可以将以上资源打包,形成一台虚拟机。虚拟化层是实现IaaS的核心模块,位于资源层与管理层中间,包含各种虚拟化技术,其主要作用是为IaaS架构提供最基本的虚拟化实现。针对虚拟化平台,IaaS应该具备完善的运行维护和管理功能。这些管理功能以虚拟化平台中的内容及各类资源为主要操作对象,而对虚拟化平台加以管理的目的是保证虚拟化平台的稳定运行,可以随时顺畅地使用平台上的资源以及随时了解平台的运行状态。虚拟化平台主要包括虚拟化模块、虚拟机、虚拟网络、虚拟存储以及虚拟化平台所需要的所有资源,包括物理资源及虚拟资源,如虚拟机镜像、虚拟磁盘、虚拟机配置文件等。其主要功能包括以下几种:①对虚拟化平台的支持;②虚拟机管理(创建、配置、删除、启动、停止等);③虚拟机部署管理(克隆、迁移、P2V、V2V);④虚拟机高可用性管理;⑤虚拟机性能及资源优化;⑥虚拟网络管理;⑦虚拟化平台资源管理。

正是因为有了虚拟化技术,才可以灵活地使用物理资源构建不同规模、不同能力的计算资源,并可以动态、灵活地对这些计算资源进行调配。因此,对于IaaS架构的运行、维护,针对虚拟化平台的管理是必不可少的,这也是极其重要的一部分。

3.管理层

虚拟化层之上为管理层,管理层主要对下面的资源层进行统一的运行、维护和管理,包括收集资源的信息,了解每种资源的运行状态和性能情况,决定如何借助虚拟化技术选择、打包不同的资源以及如何保证打包后的计算资源——虚拟机的高可用性或者如何实现负载均衡等。通过管理层,一方面可以了解虚拟化层和资源层的运行情况以及计算资源的对外提供情况;另一方面,也是更重要的一点,管理层可以保证虚拟化层和资源层的稳定、可靠,从而为最上层的服务层打下了坚实的基础。管理层的主要构成包括以下几个部分:

(1)资源配置模块。资源配置模块作为资源层的主要管理任务处理模块,管理人员可以通过资源配置模块方便、快速地建立不同的资源,包括计算资源、网络资源和存储资源;此外,管理人员还应该能够按照不同的需求灵活地分配资源、修改资源分配情况等。

(2)系统监控平台。在IaaS架构中,管理层位于虚拟化层与服务层之间。管理层的主要任务是对整个IaaS架构进行运行、维护和管理,因此,其包含的内容非常广泛,主要有配置管理、数据保护、系统部署和系统监控。

(3)数据备份与恢复平台。同系统监控一样,数据备份与恢复也属于位于虚拟化层与服务层之间的管理层中的一部分。数据备份与恢复的作用是帮助IT运行、维护,管理人员按照提前制订好的备份计划,进行各种类型数据、各种系统中数据的备份,并在任何需要的时候,恢复这些备份数据。

(4)系统运行、维护中心平台。在IaaS架构中包含各种各样的专用模块,这些模块需要一个总的接口,一方面能够连接到所有的模块,对其进行控制,得到各个模块的返回值,从而实现交互;另一方面需要能够提供人机交互界面,便于管理人员进行操作、管理,这就是IaaS中的系统运行、维护中心平台。

(5)IT流程的自动化平台。位于服务层的管理平台主要是IT流程的自动化平台。在传统数据中心,IT管理人员的任务往往是单一的、任务化的。即使数据中心包含多个模块、组成部分,但管理人员所需要进行的工作往往只发生在一个独立的系统中,且通过简单的步骤或者过程即可完成。既不需要牵扯其他的模块、组成部分,同时参与的人员数量也相对较少,大部分的工作通过手工或半自动的方式即可完成,因此对于服务流程自动化的需求相对较低。

4.服务层

服务层位于整体架构的最上层,服务层主要向用户提供使用管理层、虚拟化层、资源层的良好接口。不论是通过虚拟化技术将不同的资源打包形成虚拟机,还是动态调配这些资源,IaaS的管理人员和用户都需要统一的界面来进行跨越多层的复杂操作。服务门户可对资源进行综合运行监控管理,一目了然地掌控多时运行状态。

(1)服务器资源信息。这里是用户所拥有的服务器信息一览,并可以直观地看到服务器所处的状况。

(2)应用程序信息。应用程序信息是用户在自己服务器上安装的应用程序的信息,这里可以直观地看到应用程序的状况。

(3)资源统计信息。即用户拥有资源的一个综合汇总信息。

(4)系统报警信息。这里是系统告警信息的一个汇总。

(5)由云数据中心提供各类增值服务,如系统升级维护、数据备份/恢复、系统告警、运行趋势分析等。

另外,对所有基于资源层、虚拟化层、管理层,但又不限于这几层资源的运行、维护和管理任务,将包含在服务层中。这些任务在面对不同业务时往往有很大差别,其中比较多的是自定义、个性化因素,如用户账号管理、用户权限管理、虚拟机权限设定及其他各类服务。[①]

三、IaaS云计算管理

IaaS需要将经过虚拟化的资源进行有效整合,形成可统一管理、灵活分配调度、动态迁移、计费度量的基础服务设施资源池,并按需向用户提供自动化服务。因而需要对基础设施进行有效管理。

---

①朱义勇.云计算架构与应用[M].广州:华南理工大学出版社,2017.

1.自动化部署

自动化部署包含两部分的内容,一部分是在物理机上部署虚拟机;另一部分是将虚拟机从一台物理机迁移到另一台物理机。前者是初次部署,后者是迁移。

(1)初次部署。虚拟化的好处在于IT资源的动态分配所带来的成本降低。为了提高物理资源的利用率,降低系统运营成本,自动化部署过程首先要合理地选择目标物理服务器。通常会考虑以下要素:①尽量不启动新的物理服务器。为了降低能源开销,应该尽量将虚拟机部署到已经部署了其他虚拟机的物理服务器上,尽量不启动新的物理服务器;②尽可能让CPU和I/O资源互补。有的虚拟机所承载的业务是CPU消耗型的,而有的虚拟机所承载的业务是I/O消耗型的,那么通过算法让两种不同类型的业务尽可能分配到同一台物理服务器上,以最大化地利用该物理服务器的资源,或者在物理服务器层面上进行定制,将物理服务器分为I/O消耗型、CPU消耗型及内存消耗型,然后在用户申请虚拟机的时候配置虚拟机的资源消耗类型,最后根据资源消耗类型将虚拟机分配到物理服务器上。

在实际的部署过程中,如果让用户安装操作系统则费时费力。为了简化部署过程,系统模板出现了。系统模板其实就是一个预装了操作系统的虚拟磁盘映像,用户只要在启动虚拟机时挂接映像,就可以使用操作系统。

(2)迁移。当一台服务器需要维护时,或者由于资源限制,服务器上的虚拟机都应迁移到另一台物理机上时,通常要具备两个条件,即虚拟机自身能够支持迁移功能、物理服务器之间有共享存储。虚拟机实际上是一个进程。该进程由两部分构成,一部分是虚拟机操作系统;另一部分则是该虚拟操作系统所用到的设备。虚拟操作系统其实是一大片内存,因此,迁移虚拟机就是迁移虚拟机操作系统所处的整个内存,并且把整个外设全部迁移,使操作系统感觉不到外设发生了变化。这就是迁移的基本原理。

2.弹性能力提供技术

通常,用户在构建新的应用系统时,都会按照负载的最高峰值来进行资源配置,而系统的负载在大部分时间内都处于较低的水平,导致了资源的浪费。但如果按照平均负载进行资源配置,一旦应用达到高峰负载时,将无法正常提供服务,影响应用系统的可用性及用户体验。所以,在平衡资源利用率和保障应用系统的可用性方面总是存在着矛盾。云计算以其弹性资源提供方式正好可以解决目前所面临的资源利用率与应用系统可用性之间的矛盾。弹性能力提供通常有以下两种模式:

(1)资源向上/下扩展(scale up/down)。资源向上扩展是指当系统资源负载较高时,通过动态增大系统的配置,包括CPU、内存、硬盘、网络带宽等,来满足应用对系统资源的需求。资源向下扩展是指当系统资源负载较低时,通过动态缩小系统的配置,包括CPU、内存、硬盘、网络带宽等,来提高系统的资源利用率。小型机通常采用这种模式进行扩展。

(2)资源向外/内扩展(scale out/in)。资源向外扩展是指当系统资源负载较高时,通过创建更多的虚拟服务器提供服务,分担原有服务器的负载。资源向内扩展是指当由多台虚拟服务器组成的集群系统资源负载较低时,通过减少集群中虚拟服务器的数量来提升整个集群的资源利用率。通常所说的云计算即采用这种模式进行扩展。为实现弹性能力的提供,需要首先设定资源监控阈值(包括监控项目和阈值)、弹性资源提供策略(包括弹性资源提供模式、资源扩展规模等),然后对资源监控项目进行实时监测。当发现超过阈值时,系统将根据设定的弹性资源提供策略进行资源的扩展。

对于资源向外/内扩展,由于是通过创建多个虚拟机来扩展资源的,所以需要解决:虚拟机文件的自动部署,即将原有虚拟机文件复制,生成新的虚拟机文件,并在另一台物理服务器中运行;多台虚拟机的负载均衡。负载均衡的解决有两种方式:一种是由应用自己进行负载均衡的实现,即应用中有一些节点不负责具体的请求处理,而是负责请求的调度;另一种是由管理平台来实现负载均衡,即用户在管理平台上配置好均衡的策略,管理平台根据预先配置的策略对应用进行监控,一旦某监控值超过了阈值,则自动调度另一台虚拟机加入该应用,并将一部分请求导入该虚拟机以便进行分流,或者当流量低于某一阈值时自动回收一台虚拟机,减少应用对虚拟机的占用。

3.资源监控

(1)资源监控概念。虚拟化技术引入,需要新的工具监控虚拟化层,保障IT设施的可用性、可靠性、安全性。传统资源监控主要对象是物理设施(如服务器、存储、网络)、操作系统、应用与服务程序。由于虚拟化的引入,资源可以动态调整,因此增加了系统监控的复杂性。主要表现在以下方面:①状态监控。状态监控是监控所有物理资源和虚拟资源的工作状态,包括物理服务器、虚拟化软件VMM、虚拟服务器、物理交换机与路由器、虚拟交换机与路由器、物理存储与虚拟存储等;②性能监控。IaaS虚拟资源的性能监控分为两个部分,即基本监控和虚拟化监控。基本监控主要是从虚拟机操作系统VMM的角度来监视与度量CPU、内存、存储、网络等设施的性能。与虚拟化相关的监控主要提供关于虚拟化技术的监控度量指标,如虚拟机部署的时间、迁移的时间、集群性能等;③容量监控。当前企业对IT资源的需求不断变化,这就需要做出长期准确的IT系统规划。因此,容量监控是一种从整体、宏观的角度长期进行的系统性能监控。容量监控的度量指标包括服务器、内存、网络、存储资源的平均值和峰值使用率以及达到资源瓶颈的临界用户数量;④安全监控。在IaaS环境,除存在传统的IT系统安全问题,虚拟化技术的引入也带来新的安全问题,虚拟机蔓生现象导致虚拟化层的安全威胁;⑤使用量度量。为了使IaaS服务具备可运营的条件,需要度量不同组织、团体、个人使用资源和服务的情况,有了这些度量信息,便可以生成结算信息和账单。

因为当前流行的虚拟化软件种类很多,所以在开发虚拟化资源池监控程序时需要一个支持主流虚拟化软件的开发库,它能够与不同的虚拟化程序交互,收集监控度量信息。监控系统会将收集到的信息保存在历史数据库中,为容量规划、资源度量、安全等功能提供历史数据。虽然虚拟化向系统监控提出了新的挑战,但它也为自动响应、处理系统问题提供了很多物理环境无法提供的机会。

（2）资源监控的常用方法。系统资源监控主要通过度量收集到的与系统状态、性能相关的数据的方式来实现，经常采用的方法如下：①日志分析。通过应用程序或者系统命令采集性能指标、事件信息、时间信息等，并将其保存到日志文件或者历史数据库中，用来分析系统或者应用的关键业绩指标（key performance indicator，KPI）；②包嗅探。其主要用于对网络中的数据进行拆包、检查、分析，提取相关信息，以分析网络或者相关应用程序的性能；③探针采集。通过在操作系统或者应用中植入并运行探针程序来采集性能数据，最常见的应用实例是SNMP协议。大多数的操作系统都提供了SNMP代理运行在被监视的系统中，采集并通过SNMP协议发送系统性能数据。

4.资源调度

从用户的角度来看，云计算环境中资源应该是无限的，即每当用户提出新的计算和存储需求时，"云"都要及时地给予相应的资源支持。同时，如果用户的资源需求降低，那么"云"就应该及时对资源进行回收和清理，以满足新的资源需求。

在计算环境中，因为应用的需求波动，所以云环境应该动态满足用户需求，这需要云环境的资源调度策略为应用提供资源预留机制，即以应用为单位，为其设定最保守的资源供应量。是事前商定的，虽然并不一定能够完全满足用户和应用在运行时的实际需求，但是它使用户在一定程度上获得了资源供给和用户体验保证。

虽然用户的资源需求是动态可变并且事前不可明确预知的，但其中却存在着某些规律。因此，对应用的资源分配进行分析和预测也是云资源调度策略需要研究的重要方面。首先在运行时动态捕捉各个应用在不同时段的执行行为和资源需求，然后对这两方面信息进行分析，以发现它们各自内在及彼此之间可能存在的逻辑关联，进而利用发掘出的关联关系进行应用后续行为和资源需求的预测，并依据预测结果为其提前准备资源调度方案。

因为"云"是散布在互联网上的分布式计算和存储架构，因此网络因素对于云环境的资源调度非常重要。调度过程中考虑用户与资源之间的位置及分配给同一应用的资源之间的位置。这里的"位置"并不是指空间物理位置,它主要考虑用户和资源、资源和资源之间的网络情况,如带宽等。

云的负载均衡也是一种重要的资源调度策略。考察系统中是否存在负载均衡可以从多个方面进行,如处理器压力、存储压力、网络压力等,而其调度策略也可以根据应用的具体需求和系统的实际运作情况进行调整。如果系统中同时存在着处理器密集型应用和存储密集型应用,那么在进行资源调度的时候,用户可以针对底层服务器资源的配置情况做出多种选择。例如,可以将所有处理器/存储密集型应用对应部署到具有特别强大的处理器/存储能力的服务器上,还可以将这些应用通过合理配置后部署到处理器和存储能力均衡的服务器上。这样做能够提高资源利用率,同时保证用户获得良好的使用体验。

基于能耗的资源调度是云计算环境中必须考虑的问题。因为云计算环境拥有数量巨大的服务器资源,其运行、冷却、散热都会消耗大量能源,如果可以根据系统的实时运行情况,在能够满足应用的资源需求的前提下将多个分布在不同服务器上的应用整合到一台服务器上,进而将其余服务器关闭,就可以起到节省能源的作用,这对于降低云计算环境的运营成本有非常重要的意义。

5.业务管理和计费度量

IaaS服务是可以向用户提供多种IT资源的组合,这些服务可再细分成多种类型和等级。用户可以根据自己的需求订购不同类型、不同等级的服务,还可以为级别较高的客户提供高安全性的虚拟私有云服务。提供IaaS业务服务需要实现的管理功能包括服务的创建、发布、审批等。

云计算中的资源包括网络、存储、计算能力及应用服务,用户所使用的是一个个服务产品的实例。用户获取IaaS服务需要经过注册、申请、审批、部署等流程。通常,管理用户服务实例的操作包含服务实例的申请、审批、部署、查询、配置及变更、迁移、终止、删除等。

按资源使用付费是云计算在商业模式上的一个显著特征,它改变了传统的购买IT物理设备、建设或租用IDC、由固定人员从事设备及软件维护等复杂的工作模式。在云计算中,用户只要购买计算服务,其IT需求即可获得满足,包括IT基础设施、系统软件(如操作系统、服务器软件、数据库、监控系统)、应用软件(如办公软件、ERP、CRM)等都可以作为服务从云计算服务提供商处购买,降低了用户资源投资和维护成本,同时提高了IT资源的利用率。云服务的运营必然涉及用户计费问题。

通常,用户购买云计算服务时会涉及多种服务,包括计算、存储、负载均衡、监控等,每种服务都有自己的计价策略和度量方式,在结算时需要先计算每种服务的消费金额,然后将单个用户所消费服务进行汇总得到用户消费的账单。

第二节 平台即服务

一、PaaS概述

PaaS通过互联网为用户提供的平台是一种应用开发与执行环境,根据一定规律开发出来的应用程序可以运行在这个环境内,并且其生命周期能够被该环境所控制,而并非只是简单地调用平台提供的接口。从应用开发者的角度看,PaaS是互联网资源的聚合和共享,开发者可以灵活、充分地利用服务提供商提供的应用能力便捷地开发互联网应用;从服务提供商的角度看,PaaS通过提供易用的开发平台和便利的运行平台,吸引更多的应用程序和用户,从而获得更大的市场份额并扩大收益。

1.PaaS的由来

业界最早的PaaS服务是由Salesforce于2007年推出的Force.com,它为用户提供了关系型数据库、用户界面选项、企业逻辑及一个专用的集成开发环境,应用程序开发者可以在该平台提供的运行环境中对他们开发出来的应用软件进行部署测试,然后将应用提交给Salesforce供用户使用。作为SaaS服务提供商,Salesforce推出PaaS的目的是使商业SaaS应用的开发更加便捷,进而使 SaaS 服务用户能够有更多的软件应用可以选择。

还有当代计算的先驱 Google,使用便宜的计算机和强有力的中间件以及自己的技术装备出了世界上功能最强大的数据中心以及超高性能的并行计算群。2008 年 4 月发表的 PaaS 服务 GAE,为用户提供了更多的服务,方便了用户的使用,去掉了烦琐的作业。

PaaS 服务更多地从用户角度出发,将更多的应用移植到 PaaS 平台上进行开发管理,充分体现了互联网低成本、高效率、规模化的应用特性,PaaS 对于 SaaS 的运营商来说,可以帮助他们进行产品多元化和产品定制化。

2.PaaS 的概念

PaaS 是 SaaS 的变种,这种形式的云计算将开发环境作为服务来提供。可以创建自己的应用软件在供应商的基础架构上运行,然后通过网络从供应商的服务器上传递给用户,能给客户带来更高性能、更个性化的服务。

PaaS 实际上是指将软件研发的平台(计世资讯定义为业务基础平台)作为一种服务,以 SaaS 的模式提交给用户。因此,PaaS 也是 SaaS 模式的一种应用。但是,PaaS 的出现可以加快 SaaS 的发展,尤其是加快 SaaS 应用的开发速度。PaaS 之所以能够推进 SaaS 的发展,主要在于它能够提供企业进行定制化研发的中间件平台,同时涵盖数据库和应用服务器等。PaaS 所提倡的价值不只是简单的成本和速度,而是可以在该 Web 平台上利用的资源数量。例如,可通过远程 Web 服务使用数据即服务,还可以使用可视化的 API,范围从绘图到商业应用。用户或者厂商基于 PaaS 平台可以快速开发自己所需要的应用和产品。同时,PaaS 平台开发的应用能更好地搭建基于 SOA 架构的企业应用。此外,PaaS 对于 SaaS 运营商来说,可以帮助他进行产品多元化和产品定制化。

3.PaaS 模式的开发

PaaS 利用一个完整的计算机平台,包括应用设计、应用开发、应用测试和应用托管,这些都作为一种服务提供给客户,而不是用大量的预置型基础设施支持开发。因此,不需要购买硬件和软件,只需要简单地订购一个PaaS平台,通常这只需要1min的时间。利用PaaS,就能够创建、测试和部署一些非常有用的应用和服务,这与在基于数据中心的平台上进行软件开发相比,费用要低得多。这就是PaaS的价值所在。

虽然技术是不断变化的,可是架构却是不变的。PaaS不是一个新的概念,而只是目前思维方式的延伸以及对新兴技术的一种反应,比如核心业务流程外包和基于Web的计算。多年以来相关企业一直都在外包主要的业务流程,而这一直都很困难。但是,随着越来越多的PaaS厂商在这一新兴领域共同努力,应该完全相信在未来几年里会有一些相当令人吃惊的产品问世。这对于那些搭建SOA和WOA的人来说很有帮助,因为他们可以选择在哪里托管这些进程或服务,即在防火墙内部还是外部。事实上,很多人都会使用PaaS方法,因为这种方法的成本以及部署速度太有吸引力了,令人难以拒绝。

PaaS(平台服务化)与广为人知的SaaS(软件服务化)具有某种程度的相似。SaaS提供人们可以立即订购和使用的、得到完全支持的应用;而在使用PaaS时,开发人员使用由服务提供商提供的免费编程工具来开发应用并把它们部署到云中。这种基础设施是由PaaS提供商或其合作伙伴提供的,同时后两者根据CPU使用情况或网页观看数等一些使用指标来收费。这种开发模型与传统方式完全不同。在传统方式中,程序员把商业或开源工具安装在本地系统上,编写代码,然后把开发的应用程序部署到他们自己的基础设施上并管理它们。而PaaS模型正迅速赢得支持者。

(1)PaaS开发速度更快。使用PaaS,开发人员可以极具生产力,这部分是由于他们不必为定义可伸缩性要求去操心,他们也不必用XML编写部署说明,这些工作全部由PaaS提供商处理。比如,使用App Engine只需要一个月时间就可以完成将使用J2EE、耗费五十个人员一个月编写的工作人员薪酬应用的移植工作。

(2)PaaS开发的缺点。App Engine的Python由于其内存管理的局限,有时会成为一场"斗争",而缓存问题会限制RSS从站点提供RSS馈送的速度。

4.PaaS 推进 SaaS 时代

PaaS 充分体现了互联网低成本、高效率、规模化应用的特性,我们相信,PaaS 必将把 SaaS 模式推入一个全新快速发展的时代。

在传统软件激烈的竞争之际,SaaS 模式异军突起,以其无须安装维护,即需即用的特征为广大企业用户所青睐。SaaS 是一种以租赁服务形式提供企业使用的应用软件,企业通过 SaaS 服务平台能够自行设定所需要的功能,SaaS 服务供货商提供相关的数据库、服务器主机连同后续的软件和硬件维护等,节省了大量用于购买 IT 产品、技术和维护运行的资金,大幅度降低了企业信息化的门槛与风险。

SaaS 提供商提供的应用程序或服务通常使用标准 Web 协议和数据格式,以提高其易用性并扩大其潜在的使用范围,并且越来越倾向于使用 HTTP 和常用的 Web 数据格式,如 XML、RSS 和 JSON,但是 SaaS 提供商并不满足于此,他们一直在思考如何开拓新的技术,推进整个 SaaS 时代的飞跃,于是平台即服务(platform as a service,PaaS)出现了。2007 年,国内外知名厂商先后推出了自己的 PaaS 平台,其中包括全球 SaaS 模式的领导者 Salesforce.com。PaaS 不只是 SaaS 的延伸,更是一个能够提供企业进行定制化研发的中间件平台,除了应用软件外,还同时涵盖数据库和应用服务器等。PaaS 改变了 SOA 创建、测试和部署的位置,并且在很大程度上加快了 SOA 架构搭建的速度并简化了搭建过程。

很多人一直强调 SaaS 最大的吸引力在于其可灵活个性化定制。PaaS 的出现更加满足了他们的这种心理,"积木王国"中有各式各样的"积木",企业可以按照自己的想法随意 DIY。这就像以将家具拆卸、顾客自己组装作为自己特色的宜家。宜家十分关注不同顾客群体的特别需求,但是不会有一款产品适合所有人,于是"自己动手 DIY"就成了宜家的经营理念。所有人都买到了自己称心如意的产品,或是时尚而低廉,或是精美而奢华。总之总能在从宜家购物出来的客户脸上看到满意的微笑。这就是 DIY 的魅力。PaaS 就赋予了 SaaS 这样的魅力,所以必将把 SaaS 推向一个新的发展阶段。

与"企业管理软件 DIY"一样共同得益于 PaaS 平台的还有 SaaS 产品

的另一特色BTO,企业提出需求,软件厂商"按单生产"。不再是流水线似的大规模加工生产,不需要自己挑,而是完全的按单。所有客户都是"VIP",成本低且实用。比如,在激烈甚至有些惨烈的笔记本电脑市场竞争中,Intel公司于2002年率先提出BTO概念笔记本,引发了笔记本电脑的BTO热,推动了整个笔记本电脑行业向着更方便、更质优价廉、服务更完善的方向发展。PaaS也提供给SaaS模式一个BTO的"工厂",使SaaS向更加客户化、灵活易用迈进,它也必将成为SaaS的新的增长点。PaaS充分体现了互联网低成本、高效率、规模化应用的特性,我们相信PaaS必将把SaaS模式推进一个全新快速发展的时代。

二、PaaS的功能与架构

1.PaaS的功能

PaaS为部署和运行应用系统提供所需的基础设施资源应用基础设施,所以应用开发人员无须关心应用的底层硬件和应用基础设施,并且可以根据应用需求动态扩展应用系统所需的资源。完整的PaaS平台应提供以下功能:应用运行环境、应用全生命周期支持、集成和复合应用构建能力。除了提供应用运行环境外,还需要提供连通性服务、整合服务、消息服务和流程服务等用于构建SOA架构风格的复合应用。

2.多租户弹性是PaaS的核心特性

PaaS的特性有多租户、弹性(资源动态伸缩)、统一运维、自愈、细粒度资源计量、SLA保障等。这些特性基本也都是云计算的特性。多租户弹性是PaaS区别于传统应用平台的本质特性,其实现方式也是用来区别各类PaaS的最重要标志,因此多租户弹性是PaaS的最核心特性。

多租户是指一个软件系统可以同时被多个实体所使用,每个实体之间是逻辑隔离、互不影响的。一个租户可以是一个应用,也可以是一个组织。弹性是指一个软件系统可以根据自身需求动态地增加、释放其所使用的计算资源。多租户弹性是指租户或者租户的应用可以根据自身需求动态地增加、释放其所使用的计算资源。从技术上来说,多租户有以下几种实现方式:

(1)Shared – Nothing。为每一个租户提供一套和On – Premise一样的

应用系统,包括应用、应用基础设施和基础设施。Shared－Nothing仅在商业模式上实现了多租户。Shared－Nothing的好处是整个应用系统栈都不需要改变,隔离非常彻底,但是技术上没有实现资源弹性分配,资源不能共享。

(2)Shared－Hardware,共享物理机。虚拟机是弹性资源调度和隔离的最小单位,典型例子是Microsoft Azure。传统软件巨头如微软和IBM等拥有非常广的软件产品线,在On－Premise时代占据主导地位后,他们在云时代的策略就是继续将On－Premise软件Stack装到虚拟机中并提供给用户。

(3)Shared－OS,共享操作系统。进程是弹性资源调度和隔离的最小单位。与Shared－Hardware相比,Shared－OS能实现更小粒度的资源共享,但是安全性会差些。

(4)Shared－Everything,基于元数据模型以共享一切资源。典型例子是Force.com。Shared-Everything方式能够实现最高效的资源共享,但实现技术难度大,安全和可扩展性方面会面临很大的挑战。

3.PaaS架构的核心意义

在云产业链中,如同传统中间件所起的作用一样,PaaS也将会是产业链的制高点。无论是在大型企业私有云中,还是在中小企业和ISV所关心的应用云中,PaaS都将起到核心作用。

(1)以PaaS为核心构建企业私有云。大型企业都有复杂的IT系统,甚至自己筹建了大型数据中心,其运行与维护工作量非常大,同时资源的利用率又很低。在这种情况下,企业迫切需要找到一种方法,整合全部IT资源进行池化,并且以动态可调度的方式供应给业务部门。大型企业建设内部私有云有两种模式,一种是以IaaS为核心;另一种是以PaaS为核心。

企业会采用成熟的虚拟化技术首先实现基础设施的池化和自动化调度。当前,有大量电信运营商、制造企业和产业园区都在进行相关的试点。但是,私有云建设万不可局限于IaaS,因为IaaS只关注解决基础资源云化问题,解决的主要是IT问题。在IaaS的技术基础上进一步架构企业

PaaS平台将能带来更多的业务价值。PaaS的核心价值是让应用及业务更敏捷、IT服务水平更高,并实现更高的资源利用率。以PaaS为核心的私有云建设模式是在IaaS的资源池上进一步构建PaaS能力,提供内部云平台、外部SaaS运营平台和统一的开发、测试环境。

(2)以PaaS为核心构建和运营下一代SaaS应用。对于中、小企业来说,大部分缺乏专业的IT团队,并且难以承受高额的前期投入,他们往往很难通过自建IT的思路来实现信息化,所以SaaS是中、小企业的自然选择。然而,SaaS这么多年来在国内的发展状况一直没有达到各方的预期。抛开安全问题不讲,最主要的其他两个原因是传统SaaS应用难以进行二次开发以满足企业个性化需求,并缺少能够提供一站式的SaaS应用服务的运营商。无论是Salesforce.corn还是国内的SaaS供应商,都意识到SaaS的未来在于PaaS,需要以PaaS为核心来构建和运营新一代的SaaS应用。在云计算时代,中、小企业市场的机会比以往任何时候都大。在这个以PaaS为核心的生态链中,每个参与者都得到了价值的提升。

4.PaaS改变未来软件开发和维护模式

PaaS改变了传统的应用交付模式,促进了分工的进一步专业化,解耦了开发团队和运维团队,将极大地提高未来软件交付的效率,是开发和运维团队之间的桥梁。[①]

第三节 软件即服务

软件即服务是指通过Internet提供软件的模式,厂商将应用软件统一部署在自己的服务器上,客户可以根据自己的实际需求,通过互联网向厂商定购所需的应用软件服务,按定购的服务多少和时间长短向厂商支付费用,并通过互联网获得厂商提供的服务。SaaS是随着互联网技术的发展和应用软件的成熟,在21世纪开始兴起的一种完全创新的软件应用模式。不同于基础设施层和平台层,软件即服务层中提供给用户的是千

---

①陆平. 云计算基础架构及关键应用[M]. 北京:机械工业出版社,2016.

变万化的应用,为企业和机构用户简化IT流程,为个人用户提高日常生活方方面面的效率。这些应用都是能够在云端运行的技术,业界将这些技术或者功能总结、抽象,并定义为SaaS平台。开发者可以使用SaaS平台提供的常用功能,减少应用开发的复杂度和时间,而专注于业务自身及其创新。

一、SaaS概述

从本质上说,SaaS是近年来兴起的一股将软件转变成服务的模式,为人们认识、应用和改变软件提供了一个新的角度。在这种新的视角下,人们重新审视软件及其相关属性,发掘出了软件的一些别有价值的关注点,为软件的设计、开发、发布和经营等活动找到了一套不同以往的方法和途径,这就是SaaS。

1.SaaS的由来

SaaS不是新兴产物,早在2000年左右,SaaS作为一种能够降低成本、快速获得价值的软件交付模式而被提出。在近二十年的发展中,SaaS的应用面不断扩展。随着云计算的兴起,SaaS作为一种最契合云端软件的交付模式成为瞩目的焦点。根据Saugauck技术公司撰写的分析报告,指出SaaS的发展被分为连续而有所重叠的三个阶段:

(1)第一个阶段为2001～2006年。在这个阶段,SaaS针对的问题范围主要停留在如何降低软件使用者消耗在软件部署、维护和使用的成本。

(2)第二个阶段为2005～2010年。在这个阶段,SaaS理念被广泛地接受,在企业IT系统中扮演越来越重要的角色。如何将SaaS应用与企业既有的业务流程和业务数据进行整合成为这个阶段的主题。SaaS开始进入主流商业应用领域。

(3)第三个阶段为2008～2013年。在这个阶段,SaaS将成为企业整体IT战略的关键部分。SaaS应用与企业应用已完成整合,使企业的既有业务流程更加有效地运转,并使新创的业务成为可能。

2.SaaS的概念

SaaS相关观点关于对SaaS如何准确定义尚未定论,专家对SaaS的认识主要有以下一些观点:

(1)SaaS是客户通过互联网标准的浏览器(如IE)使用软件的所有功能,而软件及相关硬件的安装、升级和维护都由服务商完成,客户按照使用量向服务商支付服务费用。

(2)SaaS是由传统的ASP演变而来的,都是"软件部署为托管服务,通过因特网存取"。不同之处在于传统的ASP只是针对每个客户定制不同的应用,而没有将所有的客户放在一起进行考虑。在SaaS模式中,在用户和Web服务器上的应用之间增加了一个中间层,这个中间层用来处理用户的定制、扩展性和多用户的效率问题。

(3)SaaS有三层含义。具体包括:①表现层。SaaS是一种业务模式,这意味着用户可以通过租用的方式远程使用软件,解决了投资和维护问题。而从用户角度来讲,SaaS是一种软件租用的业务模式;②接口层。SaaS是统一的接口方式,可以方便用户和其他应用在远程通过标准接口调用软件模块,实现业务组合;③应用实现层。SaaS是一种软件能力,软件设计必须强调配置能力和资源共享,使得一套软件能够方便地服务于多个用户。

3.SaaS的定义

根据以上认识,SaaS是一种通过Internet提供软件的模式,厂商将应用软件统一部署在自己的服务器上,客户可以根据自己的实际需求,通过互联网向厂商定购所需的应用软件服务,按定购的服务多少和时间长短向厂商支付费用,并通过互联网获得厂商提供的服务。用户不用再购买软件,而改用向提供商租用基于Web的软件来管理企业经营活动,且无须对软件进行维护,服务提供商会全权管理和维护软件,软件厂商在向客户提供互联网应用的同时,也提供软件的离线操作和本地数据存储,让用户随时随地都可以使用其定购的软件和服务。

在这种模式下,客户不再像传统模式那样花费大量投资用于硬件、软件、人员,而只需要支出一定的租赁服务费用,通过互联网便可以享受到相应的硬件、软件和维护服务,享有软件使用权和不断升级,这是网络应用最具效益的营运模式。

4.SaaS与传统软件的区别

SaaS服务模式与传统许可模式软件有很大的不同,它是未来管理软件的发展趋势。SaaS不仅减少了或取消了传统的软件授权费用,而且厂商将应用软件部署在统一的服务器上,免除了最终用户的服务器硬件、网络安全设备和软件升级维护的支出,客户不需要除了PC和互联网连接之外的其他IT投资就可以通过互联网获得所需要的软件和服务。此外,大量的新技术,如Web Service,提供了更简单、更灵活、更实用的SaaS。

SaaS供应商通常是按照客户所租用的软件模块来进行收费的,因此用户可以根据需求按需订购软件应用服务,而且SaaS的供应商会负责系统的部署、升级和维护。传统管理软件通常是买家需要一次支付一笔可观的费用才能正式启动。

ERP这样的企业应用软件,软件的部署和实施比软件本身的功能、性能更为重要,万一部署失败,则所有的投入几乎全部白费,这样的风险是每个企业用户都希望避免的。通常的ERP、CRM项目的部署周期至少需要一两年甚至更久的时间,而SaaS模式的软件项目部署最多也不会超过九十天,而且用户无须在软件许可证和硬件方面进行投资。传统软件在使用方式上受空间和地点的限制,必须在固定的设备上使用,而SaaS模式的软件项目可以在任何可接入Internet的地方与时间使用。相对于传统软件而言SaaS模式在软件的升级、服务、数据安全传输等各个方面都有很大的优势。

最早的SaaS服务之一当属在线电子邮箱,极大地降低了个人与企业使用电子邮件的门槛,进而改变了人与人、企业与企业之间的沟通方式。发展至今,SaaS服务的种类与产品已经非常丰富,面向个人用户的服务包括在线文档编辑、表格制作、日程表管理、联系人管理等;面向企业用户的服务包括在线存储管理、网上会议、项目管理、客户关系管理、企业资源管理、人力资源管理、在线广告管理以及针对特定行业和领域的应用服务等。

与传统软件相比，SaaS服务依托于软件和互联网，不论从技术角度还是商务角度都拥有与传统软件不同的特性，表现在以下几个方面：

（1）互联网特性。一方面，SaaS服务通过互联网浏览器或Web 2.0程序连接的形式为用户提供服务，使得SaaS应用具备了典型互联网技术特点；另一方面，由于SaaS极大地缩短了用户与SaaS提供商之间的时空距离，从而使得SaaS服务的营销、交付与传统软件相比有着很大的不同。

（2）多租户特性。SaaS服务通常基于一套标准软件系统为成百上千的不同客户（又称租户）提供服务。这要求SaaS服务要能够支持不同租户之间数据和配置的隔离，从而保证每个租户数据的安全与隐私以及用户对诸如界面、业务逻辑、数据结构等的个性化需求。由于SaaS同时支持多个租户，每个租户又有很多用户，这对支撑软件的基础设施平台的性能、稳定性、扩展性提出很大挑战。

（3）服务特性。SaaS使得软件以互联网为载体的服务形式被客户使用，所以服务合约的签订、服务使用的计量、在线服务质量的保证、服务费用的收取等问题都必须考虑。而这些问题通常是传统软件没有考虑到的。SaaS是通过互联网以服务形式交付和使用软件的业务模式。在SaaS模式下，软件使用者无须购置额外硬件设备、软件许可证及安装和维护软件系统，通过互联网浏览器在任何时间、任何地点都可以轻松使用软件，并按照使用量定期支付使用费。

5.SaaS模式应用于信息化的优势

传统的信息化管理软件已经不能满足企业管理人员随时随地的要求，与移动通信和宽带互联的高速发展同步，移动商务才是未来发展的趋势。SaaS模式的出现，使企业传统管理软件正在经历深刻的变革。SaaS模式的管理软件有许多区别于传统管理软件的独特优势。

（1）SaaS模式的低成本性。SaaS企业要在激烈的市场竞争中取胜，首先就要控制好运营成本，提高运营效率。以往，企业管理软件的大额资金投入一直是阻碍企业尤其是中、小企业信息化发展的瓶颈，SaaS模式的出现无疑使这个问题迎刃而解。

SaaS模式实质属于IT外包。企业无须购买软件许可，而是以租赁的方式使用软件,不会占用过多的营运资金,从而缓解企业资金不足的压力。企业可以根据自身需求选择所需的应用软件服务,并可按月或按年交付一定的服务费用,这样大大降低了企业购买软件的成本和风险。企业在购买 SaaS 软件后,可以立刻注册开通。不需要花很多时间去考察开发和部署,为企业降低了宝贵的时间成本。

(2)SaaS 模式的多重租赁特性。多重租赁是指多个企业将其数据和业务流程托管存放在 SaaS 服务供应商的同一服务器组上,相当于服务供应商将一套在线软件同时出租给多个企业,每个企业只能看到自己的数据,由服务供应商来维护这些数据和软件。

有些 SaaS 软件服务供应商采用为单一企业设计的软件,也就是一对一的软件交付模式。客户可以要求将软件安装到自己的企业内部,也可托管到服务供应商那里。定制能力是衡量企业管理软件好坏的最重要指标之一,这也是为什么有些软件开发商在 SaaS 早期坚持采用单重租赁的软件设计方案。多重租赁大大增强了软件的可靠性,降低了维护和升级成本。

(3)SaaS 模式灵活的自定制服务。自定制功能是 SaaS 软件的另一核心技术,供应商的产品已经将自定制做得相当完美。企业可以根据公司的业务流程,自定义字段、菜单、报表、公式、权限、视图、统计图、工作流和审批流等,并可以设定多种逻辑关系进行数据筛选,便于查询所需要的详细信息,做到 SaaS 软件的量身定制,而且不需要操作人员具有编程知识。

企业可以根据需要购买所需服务,这就意味着企业可以根据自身发展模式购买相应软件。企业规模扩大时只要开启新的连接,无须购置新的基础设施和资源,而一旦企业规模缩小只要关闭相应连接即可,这样企业可以避免被过多的基础设施和资源所牵累。

自定制服务的技术是通过在软件架构中增加一个数据库扩展层、表现层和一套相关开发工具来实现的。目前世界上只有几家服务供应商拥有此项核心技术。

(4)SaaS 软件的可扩展性。与传统企业管理软件相比,SaaS 软件的可扩展性更强大。在传统管理软件模式下,如果软件的功能需要改变,那么相应的代码也需要重新编写,或者是预留出一个编程接口让用户可以进行二次开发。在SaaS模式下,用户可以通过输入新的参数变量,或者制定一些数据关联规则来开启一种新的应用。这种模式也被称为"参数应用",而灵活性更强的方式是自定制控件,用户可以在SaaS软件中插入代码实现功能扩展。这样还能够大大减轻企业内部IT人员的工作量,有助于加快实施企业的解决方案。

(5)SaaS软件提供在线开发平台。在线开发平台技术是自定制技术的自然延伸。传统管理软件的产业链是由操作系统供应商、编程工具供应商和应用软件开发商构成,而在线开发平台提供了一个基于互联网的操作系统和开发工具。

在线开发平台通常集成在SaaS软件中,最高权限用户在用自己的账号登录到系统后会发现一些在线开发工具。例如,"新建选项卡"等选项,每个选项卡可以有不同的功能。多个选项卡可以完成一项企业管理功能。用户可以将这些新设计的选项卡定义为一个"应用程序",自定义一个名字。然后可以将这些"应用程序"共享或销售给其他在此SaaS平台上的企业用户,让其他企业也可以使用这些新选项卡的功能。

(6)SaaS软件的跨平台性。SaaS提供跨平台操作使用。对于使用不同操作平台的用户来说,不需要再担心自己使用的是Windows还是Linux操作平台,通常只要用浏览器就可以连接到S to S提供商的托管平台。用户只要能够连接网络,就能随处可使用所需要的服务。另外,SaaS基于WAP(无线应用协议)的应用,可以为用户提供更为贴身的服务。

(7)SaaS软件的自由交互性。管理者通过平台,可在任何地方、任何时间掌握企业最新的业务数据,同时,利用平台的交互功能,管理者可发布管理指令、进行审核签字、实现有效的决策和管理控制。随着对外交往的日益广泛,管理者之间可以通过平台实现信息的交互,这种信息的交互不局限于简单的文字、表单,甚至可以是声音或者图片。

6.SaaS成熟度模型

(1)Level1——定制开发。这是最初级的成熟度模型,其定义为Ad

Hoc/Custom,即特定的/定制的,对于最初级的成熟度模型,技术架构上跟传统的项目型软件开发或者软件外包没什么区别,按照客户的需求来定制一个版本,每个客户的软件都有一份独立的代码。不同的客户软件之间只可以共享和重用的少量的可重用组件、库以及开发人员的经验。最初级的SaaS应用成熟度模型与传统模式的最大差别在于商业模式,即软、硬件以及相应的维护职责由SaaS服务商负责,而软件使用者只需按照时间、用户数、空间等逐步支付软件租赁使用费用即可。

(2)Level2——可配置。第二级成熟度模型相对于最初级的成熟度模型,增加了可配置性,可以通过不同的配置来满足不同客户的需求,而不需要为每个客户进行特定定制,以降低定制开发的成本。但在第二级成熟度模型中,软件的部署架构没有发生太大的变化,依然是为每个客户独立部署一个运行实例。只是每个运行实例运行的是同一个代码,通过配置的不同来满足不同客户的个性化需求。

(3)Level3——高性能的多租户架构。在应用架构上,第一级和第二级的成熟度模型与传统软件没有多大差别,只是在商业模式上符合SaaS的定义。多租户单实例的应用架构才是通常真正意义上的SaaS应用架构,即Multi – Tenant架构。多租户单实例的应用架构可以有效地降低SaaS应用的硬件及运行维护成本,最大化地发挥SaaS应用的规模效应。要实现Multi – Tenant架构的关键是通过一定的策略来保证不同租户间的数据隔离,确保不同租户既能共享同一个应用的运行实例,又能为用户提供独立的应用体验和数据空间。

(4)Level4——可伸缩性的多租户架构。在实现了多租户但单实例的应用架构之后,随着租户数量的逐渐增加,集中式的数据库性能就将成为整个SaaS应用的性能瓶颈。因此,在用户数大量增加的情况下,无须更改应用架构,而仅需简单地增加硬件设备的数量,就可以支持应用规模的增长。不管用户多少,都能像单用户一样方便地实施应用修改。这就是第四级也是最高级别的SaaS成熟度模型所要致力解决的问题。[1]

---

[1]李天目. 云计算技术架构与实践[M]. 北京:清华大学出版社,2014.

二、模式及实现

1.SaaS商务模式

SaaS是一个新的业务模式,在这种模式下,软件市场将会转变,接下来通过两个方面进行描述。

(1)从客户角度考虑。软件所有权发生改变;将技术基础设施和管理等方面(如硬件与专业服务)的责任从客户重新分配给供应商;通过专业化和规模经济降低提供软件服务的成本;降低软件销售的最低成本,针对小型企业的长尾市场做工作。

在以传统软件方式构建的IT环境中,大部分预算花费在硬件和专业服务上,软件预算只占较小份额。在采用SaaS模式的环境中,SaaS提供商在自己的中央服务器上存储重要的应用和相关数据,并拥有专业的支持人员来维护软、硬件,这使得企业客户不必购买和维护服务器硬件,也不必为主机上运行的软件提供支持。基于Web的应用对客户端的性能要求要低于本地安装的应用,这样在SaaS模式下大部分IT预算能用于软件。

SaaS模式比传统模式更节约成本。对于可扩展性较强的SaaS应用,随着客户的增多,每个客户的运营成本会不断降低。当客户达到一定的规模,提供商投入的硬件和专业服务成本可以与营业收入达到平衡。在此之后,随着规模的增大,提供商的销售成本不受影响,利润开始增长。

总体来讲,SaaS为客户带来以下价值:①服务的收费方式风险小,灵活选择模块、备份、维护、安全、升级;②让客户更专注核心业务,不需要额外增加专业的IT人员;③灵活启用和暂停,随时随地都可使用;④按需定购,选择更加自由;⑤产品更新速度加快;⑥市场空间增大;⑦实现年息式的循环收入模式;⑧大大降低客户的总体拥有成本,有效降低营销成本;⑨准面对面使用指导;⑩在全球各地,全天候网络服务。

(2)从ISV角度考虑。在信息化发展的今天,软件市场面临这样的境况,即中、小型企业对信息化的需求与大型企业基本相同,但却难以承担软件的费用,符合由美国人克里斯·安德森提出的长尾理论——当商品储存流通展示的场地和渠道足够宽广,商品生产成本急剧下降以至于个人都可以进行生产,并且商品的销售成本急剧降低时,几乎任何以前看似需求极低的产品,只要有卖都会有人买。这些需求和销量不高的产品所占据的共同市场份额,可以和主流产品的市场份额相比,甚至更大。在这样的市场环境下,SaaS供应商可消除维护成本,利用规模经济效益将客户的硬件和服务需求加以整合,这样就能提供比传统厂商价格低得多的解决方案,这不仅降低了财务成本,而且大幅减少了客户增加IT基础设施建设的需要。因此,SaaS供应商能面向全新的客户群开展市场工作,而这部分客户是传统解决方案供应商所无力顾及的。

传统的管理软件复制成本几乎可以忽略不计,很难控制盗版。而SaaS模式的服务程序全都放在服务商的服务器端,用户认证、软件升级和维护的权力都掌握在SaaS提供高手中,很好地控制了盗版问题。在传统的许可模式下,收入以一种大型的、循环的模式来达到平衡。每一轮的产品升级都伴随着不菲的研发投入和后续的市场推广费用,随着市场趋于饱和后,产品生命周期结束,新产品的研发再开启一轮新的循环。在SaaS模式中,客户以月为基础来为使用软件付费,从长远来看,SaaS的收入会远远超出许可模式,并且它会提供更多可预见的现金流。

2.SaaS平台架构

基于SaaS模式的企业信息化服务平台通过Internet向企业用户提供软件及信息化服务,用户无须再购买软件系统和昂贵的硬件设备,转而采用基于Web互联网的租用方式引入软件系统。服务提供商必须通过有效的技术措施和管理机制,以确保每家企业数据的安全性和保密性。在保证安全的前提下,还要保证平台的先进性、实用性;为了便于承载更多应用服务,还需保证平台的标准化、开放性、兼容性、整体性、共享性和可扩展性,为了保证平台的使用效果,提供良好客户体验,必须保证良好的可靠性和实时性;同时平台应该是可管理和便于维护的,通过大规模的租用,先进的技术保证,降低成本实现使用的经济性。基于SaaS模式的企业信息化平台框架主要包含了四大部分,分别是基础设施、运行时支持设施、核心组件和业务服务应用。

基础设施包含了SaaS平台的硬件设施(如服务器、网络建设等)和基本的操作系统等IT系统的基础环境；运行时支持设施包括运行基于Java EE软件架构的应用系统所必需的中间件和数据库等支持软件；核心组件主要包括了SaaS中间件、基于SOA的业务流程整合套件和统一用户管理系统，这些软件系统提供了实现SaaS模式和基于SOA的业务流程整合的先决条件；业务服务应用主要包含了专有业务系统、通用服务和业务应用系统，为用户提供了全方位的应用服务。

　　SaaS平台首先建设面向数据中心标准的软、硬件基础设施，为任何软件系统的运行提供了基础保障。高性能操作系统安装在必需的集群环境下，为整个数据中心提供高性能的虚拟化技术保障。SaaS平台是一个非常复杂的软件应用承载环境，不可能为每个应用设立独立的运行环境、数据支持环境和安全支持环境，共享和分配数据中心资源才是高效运营SaaS平台的基础。虚拟化技术既提供了这样的资源虚拟能力，能够将数据中心集群中的资源综合分配给每个应用，也能够将数据中心集群中的独立资源再细化分解为计算网格节点，细化控制每个应用利用的资源数量与质量。建成具有数据中心承载能力的软硬件基础环境后，SaaS平台上会部署一层中间件、数据库服务和其他必要的支持软件系统。硬件和操作系统的资源并不能直接为最终应用所使用，通过中间件、数据库服务和其他必要的支持软件系统，存在于SaaS平台数据中心中的计算和存储能力才能够真正地发挥作用。不论是基于Java EE还是.NET框架创建的（超）企业级应用，都能够稳定、高效地运行在这些高性能的服务软件之上。

　　整个SaaS平台协同运行的核心是多租户管理和用户资源整合。基于自主知识产权的统一用户授权管理系统与单点登录系统（以下简称UUM/SSO）很好地满足了SaaS平台在这个方面的需求。依照UUM/SSO所提供的标准接口，各类应用在整合用户的角度能够无缝连接到SaaS平台上，当最终用户登录SaaS平台的服务门户后，整个使用过程就好像是统一操作每个软件系统的不同模块，所有各系统的用户登录和授权功能都被整合在一起，给用户最佳的使用体验。同时，由于用户整合工作在所有应用服务登录平台前就已经完成，这就为日后的应用系统业务流程整合提供了良好的基础,为深层数据挖掘与数据利用提供了重要的前提。在基于UUM/SSO的支持下,SaaS平台运营收费管理系统提供了平台完整的运营功能,保障整个SaaS平台顺利安全稳定运行,并具有开放的扩展能力,保证SaaS平台在日后的发展中不断完善和进步,走在业界的前沿。

基于上述所有SaaS平台自身建设的基础,SaaS平台将为最终用户提供高效、稳定、安全、可定制、可扩展的现代企业应用服务。不管是通用的互联网服务还是满足企业业务需求的专有应用,SaaS平台运营商都会依照客户需求选择、采购、开发和整合专业的应用系统为用户提供最优质的服务。

3.SaaS服务平台的主要功能

(1)SaaS服务平台统一门户系统。SaaS门户网站用来全方位展示SaaS运营服务,建立品牌形象、营销渠道与用户认可度,利用互联网这一现代化的信息和媒体平台,提高软件应用服务的覆盖范围与推广速度,这是通用SaaS服务推广的重要手段之一,SaaS作为基于互联网的软件增值服务,通过互联网推广产品,拓展渠道。SaaS统一门户应用系统是依托SaaS平台完备网络基础设施、存储、安全及多个业务领域服务系统,构建统一SaaS门户,实现客户在线模块化的快速订购组件、面向企业服务(行业专有)、服务营销推广、企业培训及体验中心等多种服务展现方式。

(2)SaaS运营管理平台系统。SaaS运营管理平台从服务参与实体上线、服务运营生命周期及服务运营分析及可视化这三个重要的维度为服务运营提供强有力的支持。SaaS运营平台立足于服务运营管理平台的管理元模型,该模型需基于实际的服务运营经验抽象提升得到,为实现灵活的运营功能(如分销渠道管理、多模式服务订阅、统一账户管理等)提供有力支撑。

SaaS运营管理平台的着眼点在于端到端的服务生命周期管理,通过规范的服务运营流程提高服务运营的质量和效率,并且该平台针对SaaS运营的分析模型和功能高效地综合运营相关信息并及时、清晰地展示给相关人员。

SaaS运营管理平台克服了传统软件服务运营流程不规范、效能低下、运营状况无法及时获取及客户体验不一致等问题,从而帮助软件服务运营从小规模、人工化的方式向大规模、高效率、快节奏运营迈进。SaaS运营管理平台系统是SaaS服务平台的核心系统,承担着SaaS服务平台的计费和支付、统一用户管理、单点登录、应用服务的管理及各种统计报表数据的管理等功能。其中在总体技术架构中,统一用户管理系统又作为运营管理平台的核心,将门户、应用服务、底层支撑平台有机地集成到一起。

SaaS服务平台提供的应用可以分为新开发应用系统、可改造的应用系统、无须改造的应用系统三类。

新开发应用系统没有认证和授权机制,数据库中只存储与具体业务相关的信息;可改造的应用系统本身已经具有认证和授权机制,可以通过数据同步和认证机制改造与单点登录系统集成;无须改造的应用系统由于系统改造工作难度比较大,只需要把统一用户授权管理系统的用户和应用系统的用户进行映射就可以完成认证集成。

一般的应用系统都有自己的授权体系,并且授权的方式也不太一样,同时授权机制与业务紧密联系,要把授权独立拆分出来工作量比较大,需要对系统进行大量改造。考虑到现存应用授权的现状,统一用户授权管理系统对不同的应用进行不同粒度的授权。新开发的应用系统可以不需要关心授权机制,只需要开发业务即可,统一用户授权管理系统负责应用系统管理、角色管理、资源管理(包含页面、菜单、按钮、模块、数据等),为应用系统合法用户提供合法授权的权限(授权的资源)信息。统一用户授权管理系统提供标准的认证接口、授权接口、用户同步接口,可以做到应用系统与统一用户授权管理系统的无缝集成,达到完美的用户体验,对于已经存在的系统,如果可以进行升级改造,完全可以按照标准的接口、规范进行开发,如果改造难度比较大或者无法改造,可以采用以下两种方式来集成:①采用统一身份认证,授权分布管理的方式。也就是应用系统身份认证调用统一用户和授权管理系统提供的身份认证接口,授权等操作则由各应用系统完成。这种方式既可以保证用户的统一身份认证,又可以降低应用系统整合的复杂度,推荐采用;②采用用户身份映射的方式。也就是应用系统基本不需要做改动,在统一用户和授权管理系统中把统一的用户身份和应用系统的用户身份进行映射,进而完成用户身份的统一性。这种方式主要针对一些已经存在的老应用系统,且无法改造,可以采用用户映射的方式进行身份认证的整合集成。

以上两种方式和完全按照系统标准接口开发的应用区别在对于应用系统的权限管理粒度不同。新开发应用系统集成度比较高,统一授权的粒度比较细,可以控制到应用系统具体资源。第三方应用和现存应用二次开发难度比较大,只需要控制到应用系统层面,即用户是否可以访问应用系统,应用系统具体的权限控制由应用系统自行管理和控制。

(3)SaaS 服务平台应用服务系统。SaaS 服务平台的特色是可以通过互联网提供丰富多样的企业信息化应用服务,因此平台对各种企业信息化应用需要提供一种集成和部署环境及统一部署接口,以便为不同的信息化服务整合奠定基础。根据信息化产品应用的不同,可以将应用服务分为四大类:①通用型服务。企业邮箱、网络传真、杀毒类产品、视频会议等;②管理型服务。财务类应用、在线进销存、客户关系管理、ERP、办公 OA 协同等;③专有服务。定制不同行业信息化整体解决方案、大中型企业供应链系统;④设计类应用服务。AutoCAD、CAXA 系列等各种设计软件授权租用。

一般情况下,新引入的应用服务需要同 SaaS 平台进行集成,都需要按照平台接口规范进行一定的改造。在企业邮箱系统集成到 SaaS 平台后,企业邮箱系统的用户资源将和 SaaS 平台自身的用户资源做自动化的同步。企业邮箱系统的界面将通过单点登录系统与 SaaS 平台门户做有机整合,用户只要通过一次登录 SaaS 门户,就可以直接访问账号对应的企业邮箱。

(4)SaaS 服务平台的安全保障体系。从 SaaS 平台的安全需求入手,依据面向服务的集成体系,设计、实施安全防御和保护策略。SaaS 平台的安全保障架构由以下安全体系构成:①IT 基础设施安全体系。IT 基础设施安全体系是 SaaS 平台的基础,为了保障业务支撑体系和门户的安全,必须加强物理、网络、主机安全;②运营支撑安全体系。为了保障应用系统和网站的安全,需要借助数字证书,进行强身份认证、加密、签名等安全措施,而以上安全措施需要相关基础设施和技术进行支持,如数字证书基础设施、数字证书、数据安全传输等;③业务支撑安全体系。包括:信息传输的安全性、保密性、有效性和不可抵赖性;户业务数据的安全性和可靠性;统一身份认证、安全审计等。

4.SaaS服务平台关键技术

(1)单实例多租户技术。单实例多租户模型可以说是SaaS应用的本质特点,通过这样的模型,供应商实现了低费用、规模效应的商业模式。要求供应商能够承担多租户带来的挑战,一方面是多租户同时使用时的承载;另一方面还必须满足多租户不同的个性化需求。

多租户技术解决方案应基于强大丰富的软件中间件产品线的基础上,提供了面向SaaS应用开发人员和平台运营商的开发、部署、运行、管理多租户应用的全方位的组件群,可以提供高效的多租户资源共享和隔离机制,从而最大限度地降低分摊在单个租户的平均基础设施和管理成本;提供具备高可扩展性的基础架构,从而支持大数量的租户,具备平台架构动态支持服务扩展,以满足租户的增减;提供灵活的体系结构,从而满足不同租户异构的服务质量和定制化需求;提供对复杂的异构的底层系统、应用程序、租户的统一监控和管理。

(2)多租户数据隔离技术。多租户数据管理在数据存储上存在着三种方式,分别是:独立数据库;共享数据库,隔离数据架构;共享数据库,共享数据架构。这三种存储方式带来的影响表现在数据的安全和独立、可扩展的数据模型和可缩放的分区数据上。

独立数据库。每个租户对应一个单独的数据库,这些数据在逻辑上彼此隔离。元数据将每个数据库与相应的用户关联,数据库的安全机制防止用户无意或恶意存取其他用户的数据。它的优势是实现简单、数据易恢复、更加安全隔离,缺点则是硬件和软件的投入相对较高。这种情况适合于对数据的安全和独立要求较高的大客户,如银行、医疗系统。

共享数据库,隔离数据架构。隔离数据架构就是所有租户采用一套数据库,但是数据分别存储在不同的数据表集中,这样每个租户就可以设计不同的数据模型。它的优势在于容易进行数据模型扩展,提供中等程度的安全性;缺点则是数据恢复困难。

共享数据库,共享数据架构。共享数据架构就是所有租户使用相同的数据表,并存放在同一个数据库中。它的优势是管理和备份的成本低,能够最大化利用每台数据库服务器的性能;缺点则是数据还原困难,难以进行数据模型扩展。另外,所有租户的数据放在一个表中,数据量太大,索引、查询、更新更加复杂。

(3)SaaS服务的整合技术。SaaS平台服务的重要对象之一是SaaS软件开发商,当SaaS平台上的服务日渐增加时,SaaS服务提供商和最终用户就都会有对相关联的SaaS服务加以集成或组合的需求,因此SaaS平台应当具备软件服务整合功能,将开发商开发的SaaS服务有机、高效地组织,并统一运行在SaaS平台上。

良好的平台扩展性架构。增加SaaS软件服务,不增加SaaS平台复杂性和运行费用。

不同服务集成。使得服务提供商提供的服务能够与其他服务方便地进行数据集成,与其用户的本地应用方便地进行数据集成,实现SaaS和SaaS之间业务数据的路由,转换、合并和同步。

与已有的系统兼容。提供数据和服务适配接口,方便客户将已有的数据和服务无损地移植到SaaS平台中,实现SaaS和用户本地应用之间业务数据的平滑交互。

(4)联邦用户管理。联邦身份管理支持部件是任何SaaS平台上的一个基础部件,它应为SaaS客户提供一个集中平台来管理员工和客户的身份信息。此外,它还应为开发和交付安全的组合服务提供身份认证的支持。在一个SaaS平台上,一个用户很可能是多个SaaS服务的订阅者。为了避免每个SaaS服务重复验证和管理用户身份,对于认证身份的支持就显得十分重要。

第四章 云计算与数据处理技术应用

第一节 数据的存储与管理

以互联网为计算平台的云计算,广泛地涉及海量数据的存储和管理。由于数据量非常巨大,一台计算机远远不能满足海量数据在存储、管理和可靠性等方面的需求。因此,采用云计算技术建设数据中心,通过分布式存储和并行计算构建基于互联网的超级计算环境,是当前的主流方式。由此带来的关键性问题就是如何在广泛的分布式环境下实现对数千台服务器上海量数据的有效存储和管理。

一、大数据存储与管理概述

随着云计算技术带来的分布式数据存储处理技术的飞速发展,我们切实迎来了一个海量数据的时代,大数据的分析和技术应用已成为各行各业的研究热点。2012 年 3 月,美国政府宣布投资 2 亿美元启动"大数据研究和发展计划",并认为大数据是"未来的新石油",对未来的科技与经济发展必将带来深远影响。目前大数据研究的动力主要是企业经济效益,对于 IBM、Oracle、微软、Google、亚马逊、Facebook 等跨国巨头而言,大数据成为云计算时代的企业决策依据和技术发展主流,其潜在价值正在被发掘。

1.大数据的基本特性

对于大数据,一直以来没有形成统一的概念。但可以肯定的是,当前云计算环境下的大数据绝不仅仅单指规模庞大的数据,在新的网络应用环境下,大数据具有容量大、多样性、生成速度快和应用价值性等特点,简单地被概括为"4V"特性(volume、variety、velocitv、value)。这些数据出现在人们日常生活和科学研究的各个领域,从电子商务到社交类网站,从生物基因、天文气象到物理实验等科学研究领域,这些大数据的特性使其在获取、存储、检索、共享、分析、融合及可视化等方面的处理十分复杂,难以在需求时间和标准下采用传统的关系数据库技术来完成。

(1)容量大。对于大数据而言,它比传统存储和分析解决方案所管理的数据要大几个数量级,从TB级上升到PB、EB,甚至是可能的YB级数据,数据的增长速度大大超过了硬件技术的发展速度,从而对数据存储和分布式处理提出了更高的要求。

(2)多样性。传统二维表存储的结构化数据只占到大数据的一小部分,而更多的是以电子邮件、社交媒体、视频、图像、博客、传感器数据、Web访问日志和搜索记录等不同格式生成的异构、复杂和多样化类型的数据,这些非结构化数据已经占到互联网数据的75%以上。

(3)生成速度。大数据处理的目的是生成一个可实时查询的连续数据流,并可根据需求提供有用信息,对于快速变化的经济发展形势而言,把握数据的动态性和时效性,才是企业竞争不败的关键。

(4)价值。数据中隐藏着有价值的模式和信息,在以往需要相当的时间和成本才能提取这些信息。从基于机器学习、统计模型及图算法的深入、复杂的数据分析中获取可对未来趋势和模式提供预测性分析的重要洞察力,这种预测分析能力要胜过传统商业智能查询和综合报告的分析结果。

2.大数据带来的挑战

一直以来,为解决大规模的数据存储和管理问题,最常用的解决方案就是提高软硬件配置、增加服务器数量、采用分布式数据库等方法,尽管短期内能够改善数据的访问性能,但类似问题在一定时间后仍会出现,这是因为这些技术仍然无法有效地解决提升系统性能与数据量飞速膨胀之间的矛盾。大数据对于现有IT架构和传统数据库技术产生了不可避免的冲击,也对当前云计算环境下实现大数据存储管理的可扩展性、高效性、容错性和成本控制等方面提出了更高的要求。

(1)存储管理的可扩展性。传统用于提高可扩展性的做法是通过冗余的磁盘预留方式实现的,从而能够在一定程度上保证有足够的存储空间。然而,云数据中心的节点规模动辄几万甚至几十万,存储数据量巨大,并且其规模也随着应用的拓展快速增加。因此,在数据中心建设初期,是无法通过合理的磁盘预留达到可扩展性要求的。

(2)存储管理的高效性。云计算环境下要达到大数据存储管理的高效性必须要同时具有高吞吐量、高并行性和高可用性的特点。高吞吐量是针对同时满足大量用户的数据访问需求而言的,系统要支持大量用户的并发请求处理和高速的网络数据传输功能。高并行性针对系统运行的性能而言,通过多个节点并行执行数据库任务,提高整个数据库系统的可用性。这完全颠覆了以往通过提高硬件配置来改善服务效能的做法。由于配置再高的机器也会有内存、硬盘、处理器等方面的瓶颈,且高性能计算机的高成本和可扩展性等问题也不完全适用于云计算环境下的大数据存储和处理,而在分布式硬件架构之上采用高并行的数据处理技术,如 MapReduce、Dryad,将计算任务分解到普通的计算机上并行执行,成为大数据处理的主流解决方案。高可用性与可靠性紧密联系,类似于拥有四个引擎的飞机比拥有双引擎的飞机更容易发生故障,同时拥有成百上千的物理节点的分布式集群也更容易在某个节点发生故障,因此,满足存储管理的高可用性离不开对大数据复制和冗余技术的研究和探讨。

(3)云数据存储管理的容错性。云计算环境下的失效被认为是一种常态行为。Google 曾在其报告中指出:在数据中心内,平均每个 MapReduce 作业运行过程中就有五个节点会失效,在一个拥有四千个节点的运行 MapReduce 作业的数据中心内,平均每六个小时就会有一个磁盘失效。失效所带来的是云服务商和用户极大的损失,但转而采用传统高性能服务器、专用存储设备或者 RAID 技术等提高容错性所带来的直接代价就是高昂的成本。那么,一旦发生节点失效的问题,如何发现故障节点,处理故障问题,并采用恰当的机制防止因节点失效所带来的对数据服务的影响,是云计算环境下的数据存储管理亟待解决的关键问题之一,这不仅涉及对于服务节点之间关系的研究,提高物理拓扑结构的容错性,更重要的是从数据存储的组织和管理方式角度提高数据的容错性。

(4)云数据存储管理的成本控制。研究人员调查发现,一台服务器四年的能耗基本上等于其硬件的成本。在云数据中心的各种成本因素中,能耗开销占了很大的一部分,而以往分布式存储在大多数情况下由于节点和数据的规模较小,对于此类问题考虑不多,造成的结果往往是以成本换取效率和系统的可靠性。然而,云数据中心规模庞大,能耗开销高,还包括保证设备正常运转的制冷设备的能耗。这种24×7的不间断保障模式,使能耗成为数据中心开销中绝对无法忽视的一个方面。此外,降低能耗能够提高磁盘等硬件设备的运行寿命,进而降低数据中心的成本。因此,对于云服务提供商来说,通过降低能耗来控制成本是一个必须追求的目标,同时也可以节约能源,促进环境保护。成本控制已经成为云计算环境下数据分布式存储设计和管理运行过程中必须要考虑的关键技术之一。

二、大数据存储模型分类与管理

对于传统数据库管理技术而言,最常采用的数据模型就是关系数据模型,即采用二维表结构,在严格遵循预定义的数据结构和数据关系的基础上,实现对数据的存储和访问。但问题在于,对于关系数据库而言,数据库设计的规范化往往与数据存储访问效率是相悖的。特别是当数据量膨胀到海量规模时,针对大数据存储访问效率的提升不仅要考虑到数据规模的问题,更重要的是要考虑到处理表连接操作所耗费的系统性能。除此之外,针对图像、视频、音频等非结构化数据的处理并不是关系数据库的强项,因此,在新的网络环境下,NoSQL作为一种扩展的、不拘泥于SQL处理方式的全新理念被提出并得到业界广泛的关注。NoSQL舍弃了关系型数据库很多以严格限制提升性能的做法,取而代之的是提供了一些简单灵活的功能。其思想就是尽量简化数据操作,并支持更加灵活的数据模型,更高的读写效率和更强的扩展功能。在很多NoSQL系统里,复杂的操作都是留给应用层来做的,因此数据层的操作就相应地得到了简化,操作效率更容易被预知。

对于NoSQL的认识,其中一个较全面的解释是,下一代的数据库产品应该具备这几个特点:非关系型的、分布式的、开源的、可以线性扩展的。业界普遍认为,应用NoSQL数据库管理技术,不仅能帮助一个企业和机构从非常低价值的大规模数据集合中获得整体优势,而且能对现有技术起到很好的补充作用。因此,NoSQL数据库并不是要取代现有广泛应用的传统数据库,而是采用一种非关系型的方式解决数据的存储和计算问题,从这个角度上来看,NoSQL并不是No SQL,而是Not Only SQL。

按照数据的逻辑组织模式,NoSQL的数据模型主要可分为Key-Value键值存储模型、列式存储模型、图结构存储模型和文档结构存储模型四类,对应的,其数据库产品也可分为Key-Value键值存储数据库、列存储数据库、文档结构存储数据库和图结构存储数据库。

1.键值存储模型

Key-Value键值存储可以说是最简单的NoSQL数据存储模型,其思想来源于HASH表,即以一种算法把Key(键)映射到相应的Value(值),每个Key值对应一个任意的数据值,对NoSQL系统来说,这个任意的数据值是什么,它并不关心。对于结构化的数据值,Value中存储的数据类型可能是数字、字符串、列表、集合及有序集合等,而对于非结构化的数据,应用开发者可根据需要自己组织和定义值的数据格式并解析。

这里可以简单地将Key理解为关系表中的主键列,它通过一个唯一的Key键对应到值,而所对应的值则可以是一个名字、产品、评论消息或者是用户、产品照片、视频等通过键值模型存储结构化的数据,这就意味着应用层要负责处理具体的数据结构,即采用简单的键值模型在简化了数据访问方式的同时,也弱化了对于数据结构及数据之间关系描述的能力。所以,对于键值模型而言,其最大的优势就在于简单、易于实现,在Key定义合理的基础上,可以方便地对它所对应的数据进行查询和修改,但如果涉及批量的数据访问操作,效率则相对较低,而且就其存储模型而言,并不支持复杂逻辑的数据操作,当然可以在应用层做适当的弥补,但同时也增长了应用程序开发的难度。

2.列存储模型

列存储数据模型采用类似于"表"的存储结构,但不同之处在于,它并不支持表之间的连接操作,而且底层存储时,同一列的数据会尽可能地存储在同一个磁盘页面上,这与关系型数据存储将同一行的数据存放在一起的方式有显著差别。这种处理方式是与网络环境下大数据的分析处理需求相适应的。对于这类数据处理而言,虽然每次涉及的数据量非常大,但通常所涉及的列并不多,在这种情况下,采用列式存储会将访问对象集中到尽可能少的机器上进行处理,大大降低了网络通信需求和I/O操作。在行式存储模式下,对于同一产品的信息在磁盘上是连续存储的,但如果只获取产品名称,在这种情况下,就需要跳跃式读取,显然效率不高,从最简单的列式存储逻辑结构来看,几乎和关系型数据模型没什么差别,以产品表为例,除了产品名称外,可能还包括其他如产品描述、上架日期、价格、总数量、现有数等信息。

事实上,从宏观上也可以将列式存储数据结构理解为键值型存储,只不过这里的值对应了多个列族及列关键字,而同一列族或相似的列又能放在一起存储,因此提高了对于这些列的查询和存储效率,这类模型更加适合于涉及较少列,但列包含数据量较大的数据分析和数据仓库应用。

3.文档存储模型

文档存储模型将"键"映射到包含一定格式信息的文档中,通常这些文档是被转换成JSON或者类似于JSON的结构进行存储,文档中的格式是自由的,可以存储列表、键值对及递归嵌套结构的文档。格式自由和文件存储的复杂性是一把双刃剑——应用开发者在建模上享有更大的自由,但应用的查询逻辑和处理机制可能变得极其复杂。通常情况下,文档模型应用于对数据模式灵活性要求较高的场景。对于遵循文档存储模型的文档数据库而言,文档是信息处理的基本单位,一个文档可以很长、很复杂,并且包含了很多嵌套结构,也可以很短,结构简单。

4.图结构存储模型

采用数学领域基本的图结构思想,该数据模型的认为,数据并非对等的,对于某些数据而言,采用关系型存储或者键值对存储,可能都不是最好的方式。

图结构存储的数据模型使用图结构(节点和边)和属性来表示各种信息,节点类似于面向对象编程中的对象概念,代表各种实体。属性存储与节点相关的信息。边被用来连接节点与节点或者节点与属性,表示二者之间的关系,对于关系的具体描述存储在边上。图结构的存储与其他存储方式相比,在数据模型、数据查询方式、数据的磁盘组织方式,在多个节点上的分布方式,甚至包括对事务机制的实现等方面差别都很大,数据存储效率也高很多,并且可以直接把图映射到面向对象应用的结构体中,而且并不需要代价高昂的连接操作,所以就很容易扩展到大规模的数据集上。

从对图结构存储模型的基本分析来看,采用节点、关系及节点和关系之上的属性表达的图结构更适合于表达现实世界中事物与事物之间的联系。以网络购物系统为例,用户和产品都可以看成是节点,用户与用户之间的交互,包括用户与产品之间的购买关系都可以用边来表示。

对于一个节点而言,通常有多个属性,而当这种属性膨胀到一定数量时,则可能需要将其分解到由多个关系连接的多个节点中。此外,由于采用了图结构化存储,意味着可以应用图计算方法,如图遍历、最短路径计算、集中度测量等方法进行各种复杂的查询和计算,因此,它更适用于处理大量交互关系复杂、低结构化的数据。

第二节 云数据中心设计与测试

一、云数据中心规划与设计

云数据中心的建设是一项系统工程,从规划到设计,从选址到建设,从计算机设备到制冷系统,从网络安全到容灾备份,无一不需要合理规划。要使得云数据中心始终保持高效、安全地运行,有很多复杂的因素需要考虑。首先,需要考虑各种设备的更新换代,计算机设备通常以五年为更换周期,制冷系统的寿命可达十年以上,更新时需要合理选择设备,使用过度超前的设备或设备迟迟不更新,都不能达到最经济的效果。其次,需要考虑设备冗余量,设备冗余可以提升系统的可用性和可靠性,保证在个别设备出现故障时整个系统仍能正常运转。但是过多冗余会导致设备长期闲置、资源浪费,因此规划时需要具体分析,保证增加的冗余设备可以切实提高系统的可用性。

由于企业IT系统的需求变化难以预测,因此,某些问题不能在设计阶段做出准确的预测。这是因为:第一,企业的整体运营越来越依赖于IT平台,而这些IT系统的负载并非长期不变,往往随着业务的发展而快速增长。有些企业甚至难以预见一年以后业务发展会带来怎样的系统负载变化。第二,IT系统的触角正逐渐伸展到企业业务和管理的各个层面,新上线的系统层出不穷,很难预测旧的管理方式和系统何时会被新系统取代。第三,IT系本身越来越复杂,不可预见性也变得越来越强。这些变化的发生难以预测,一旦发生,云数据中心的IT基础架构将无法支撑,必须对其进行扩容。

综上所述,搭建云数据中心需要合理地规划设计各个环节,以保证云数据中心在较为经济、可靠、安全的状态下运营。

(一)规划设计原则

云数据中心的规划设计应遵循可管理性、可扩展性、可靠性、经济性和安全性等五个方面。

1.可管理性

可管理性是指一个系统能够满足管理需求的能力及管理的方便程度。系统管理是一个非常广泛的概念,包括全面深入地了解系统的运行状况,定期做系统维护以降低系统故障率,发现故障或系统瓶颈并及时修复,根据业务需求调整系统运行方式,根据业务负载增减资源以及保证系统关键数据的安全等。云数据中心的可管理性包含以下几个方面:

(1)完备性。完备性保障云数据中心可以提供完整的管理功能。数据中心包含种类繁多的软件和硬件设备,每个设备都要有相应的工具提供全面的管理支持,例如网络流量监控、数据库软件的参数配置、服务器环境温度监测等。

（2）远程管理。远程管理是指在远程控制台上通过网络对设备进行管理，避免了到设备现场进行管理的麻烦。

（3）集成控制。集成控制台将多个设备的管理功能集成起来，管理员可以在控制台上定义集成化的任务，通过指令完成对若干设备的协调控制，这简化了管理员的操作。

（4）快速响应。快速响应是指管理指令能够快速执行或快速反馈指令的执行状态。例如数据备份时需要显示备份的进度。

（5）可追踪性。可追踪性保障管理操作历史和重要的事务都能记录在案，以备查找。这些记录可以作为日后故障诊断的依据，帮助管理员或领域专家及时定位和解决问题。

（6）方便性。方便性保障了管理功能对于管理员来说是简单、方便的。这一方面要求将重复、机械性的管理任务用工具替代手动操作来完成；另一方面需要提供统一、简洁、直观的界面，管理员可以很容易地找到被管理对象并发出管理指令。

（7）自动化。自动化给可管理性提出了更高的要求，自动化程度越高，管理员的负担越小。

2.可扩展性

可扩展性是指一个系统适应负载变化的能力。在负载变大的时候，自动提升自身的能力以适应负载，保证业务的正常运行不受影响。在负载变小的时候，自动回收资源，保证系统的资源高效利用，从而节省运营成本。可扩展性的需求主要源于以下几个方面：①用户对服务的使用呈现规律性的高峰期和低谷期，虽然这种规律一定程度上可以预测，但仍然存在较大波动；②突发事件会对信息服务的负载造成难以预测的影响，例如一个网络上热点的新闻、图片或视频，可以使相关网站的负载达到平时的百倍甚至上千倍；③信息服务的使用量会随着业务的发展而增长，长期来看呈现上升的趋势；④新的服务层出不穷，对资源的需求也难以预测。

3.可靠性

可靠性是指系统执行功能的能力，系统成功完成指定功能的概率是衡量系统可靠性的常用指标。提高可靠性的主要方法有故障避免和故障容错。

（1）故障避免。故障避免是指提高单个组件的可靠性，减小其失效的概率。要做到故障避免需要研究组件失效的机理，如寿命失效、设计失效等，并针对不同的失效机理分别应对。

（2）故障容错。故障容错是指增加冗余组件，利用组件之间合理的连接方式提升系统的可靠性。组件之间常见的连接方式有串联、并联、K/N表决系统，这几种连接方式构成了可靠性分析的基本模型。如果系统以串联方式连接，任意一个组件失效则整个系统失效；如果系统以并联方式连接，全部组件失效时整个系统才失效；K/N表决系统包含N个组件，当且仅当不少于K个组件失效时整个系统失效。

4.经济性

IT系统数量和规模的快速增长使云数据中心成本问题日益突出。云数据中心的成本构成分为一次性成本和运营成本。一次性成本主要包括建筑成本、设备采购成本；运营成本主要包括电力消耗和管理维护成本。设备采购，电力消耗和管理维护成本是云数据中心最主要的三项开支。

降低设备的采购成本需要合理规划设备更新换代的周期。IT设备降价较快，一旦设备闲置，就会造成无形折旧，增加云数据中心成本。因此规划时要结合业务需求，尽可能保证设备的高利用率。

平均每个管理员可管理的服务器数量是评价数据中心管理维护是否高效的重要标准。当数据中心规模较小时，少数管理员即可承担管理维护任务，对管理维护水平的要求也相对较低。随着数据中心规模的增大，这种人力密集型的管理手段难以应付，使用专业的云数据中心管理软件、工具和科学的方法可以大幅提升管理效率。

5.安全性

云数据中心的安全性具体表现在网络、操作系统、应用和管理的安全几个方面，具体包括：①网络安全。包括网络层身份认证、资源访问控制、数据传输的保密和完整性、远程接入的安全、入侵检测手段、网络设施防病毒等;②操作系统安全。主要表现在操作系统本身的缺陷带来的不安全因素,包括身份认证、访问控制、系统漏洞等;③应用安全。主要由提供服务的应用软件和数据的安全性产生,包括 Web 服务、电子邮件系统、病毒攻击等;④管理安全。包括安全技术和设备管理、安全管理制度、部门与人员的组织规则等。

(二)网络架构的规划设计

云数据中心网络架构的规划与设计是否合理,是云数据中心能否具备简单、灵活、可扩展、高效等特点的关键。

1.网络架构的规划

云数据中心网络可分为前端网络和后端网络。前端网络是指用户与服务器、服务器与服务器之间的链接;后端网络是指服务器与存储设备之间的链接。

(1)前端网络规划。在云数据中心,Server 的概念已经扩展到以单台虚拟机为基本单元,随着虚拟机数量的激增,使得云计算数据中心前端网络的挑战主要集中在虚拟服务器之间的通信层面。

(2)后端网络规划。在云数据中心后端网络中,I/O 同步、高速传输、低延迟、无丢包是对网络的基本需求。就目前技术发展看,Ethernet 技术存在冲突丢包的天然缺陷,而光纤通道(fibre channel,FC)的无丢包设计和高带宽使其领先一步,因此,云数据中心后端网络一般选择 FC。

2.网络体系架构设计

根据前文对云数据中心网络体系架构的分析规划,云数据中心网络架构对应虚拟化云的基本架构,这是一个标准的虚拟化云,由硬件资源池提供计算与存储资源,前端的虚拟机向用户交付应用服务。在这个架构中,硬件资源池提供 IaaS;云管理平台提供 PaaS;虚拟服务器提供 SaaS。在 SaaS 前,采用负载均衡设备提供 SaaS 的应用负载均衡,通过这种组合,在最大化地提升硬件资源池的利用率的同时,通过开发的服务注册中心和服务的封装和管理,动态提供全方位的 SaaS。

(1)云计算硬件资源池。由物理服务器节点、存储交换机、磁盘阵列柜组成;物理服务器提供云数据中心共享的计算资源,磁盘阵列柜提供云数据中心的集中存储资源,存储交换机采用高速交换机,负责服务器与存储设备之间的信息交换。硬件资源池具备良好的横向、纵向可扩展、收缩能力,便于整个云计算中心的扩展与收缩。

(2)云管理平台。云管理平台在云计算中心起承上启下的作用。首先,将资源池中的硬件资源虚拟化,向上层的应用服务提供运算、存储资源。其次,提供资源分配的透明化、计费管理的自动化,实现资源的按需使用。最后,为管理员提供可视化的管理界面,使得管理过程简单化、可视化。

(3)虚拟服务器。虚拟服务器是部署应用系统的平台,因此,虚拟服务器的规划必须满足应用设计的逻辑结构,充分发挥云计算平台的特点,能够横向、纵向提高应用的执行效率,保障用户的应用需求。对虚拟服务器的管理和应用系统的部署均由云管理平台完成,对用户透明。

(4)负载均衡设备。为应用服务提供基于应用或基于流量的负载均衡,用以保障运行效率的最大化。基于应用的负载均衡用于提高进入云数据中心应用系统的处理速度,基于流量的负载均衡用于提高计算结果输出的速度。目前,大多数负载均衡设备同时集成了流量负载和应用负载两种功能,且调度算法大同小异。该方案的优点为将云操作系统和负载均衡设备进行组合,充分利用云操作系统和负载均衡设备的功能特点:①虚拟资源的管理。利用云操作系统能够轻松地将计算资源、存储资源和网络资源虚拟化为一个资源池,并对资源进行管理,当出现服务器宕机时,云操作系统实现虚拟机自动迁移,确保任务的连续性和有效性;②资源的动态负载均衡。利用负载均衡设备实现了对虚拟化资源的动态负载均衡,大大提高了资源的利用率和应用系统运行的高速性。

3.网络互联设备的选择

网络互联设备包括中继器、集线器、网桥、交换机、路由器、网关等,如表4-1所示,这些设备分别完成了不同层次的互联。

表4-1 网络互联设备分类

网络互联设备	网络互联层次	主要功能
中继器	物理层	信号复制放大,扩充通信距离
集线器	物理层	信号复制放大,连接主机入网
网桥	数据链路层	帧过滤转发
交换机	数据链路层	帧过滤转发
路由器	网络层	网络互联,路径选择
网关	应用层	应用数据协议转换

在云数据中心的建设中,选择网络互联设备的一般原则如下:①选择主流厂家、主流型号的设备;②选用技术先进、成熟、性能稳定的产品;③选用性能/价格比高的产品;④选用行业惯例产品;⑤选用用户熟悉的或已用过的厂家设备;⑥尽量用同一厂家的设备,型号不宜太多,以便管理与维护。云数据中心主要的网络互联设备是交换机。由于云数据中心虚拟机的数量激增,使得前端网络通信的压力剧增,因此,在经费许可的条件下,前端数据通信交换机应尽可能选择高端产品。

(三)服务器规划设计

1.规划设计的原则

(1)实用性。无论对于何种计算机系统,实用性永远是放在首位着重考虑的。一个系统建设最基本的目标是建立一个适用实际环境,能满足用户功能需求的实用系统,而不是一味追求技术的领先和产品的最新。

(2)标准化。随着计算机技术的发展,芯片技术、存储系统、各种传输协议及与外部系统的接口等都已逐渐形成标准。采用标准化的设计,能使系统具有良好的可扩充性及兼容性,能与其他厂商产品配套使用,给各种系统软件和应用软件的安装运行带来方便,同时有利于系统的升级和与其他系统的数据交换。

(3)先进性与适用性的统一。从投资保护及长远考虑的角度来看,在系统设计时保持一段时间的先进性是十分必要的,重要的是把握好先进性与适用性之间的关系,取两者之间的最佳平衡点,使用户的投资得到最大化的收益和回报。

(4)注重售后服务。衡量设备及产品的优劣,不仅应以设备及产品本身的质量作为标准,还应充分考虑厂商的售后服务。在系统正常使用的情况下,软硬件的及时升级、维护以及在系统出现故障时修复响应时间、备品备件的充足程度等,都将直接影响到整个系统的运行状况。因此,选择优秀的设备供应商和全面考察供应商的售后服务情况也是服务器系统选择中重要的原则之一。

2.选型要考虑的因素

数据中心服务器系统的特点是业务种类多、数据量大、用户数多,因此,服务器的选型主要应考虑以下几方面的因素:

(1)运算能力。服务器的处理需要考虑对高峰时业务受理的实时响应,考虑业务的复杂性,服务器需要实时地与多个业务分系统进行数据采集、比对、整理和分发。需要服务器有很高的处理能力。

(2)内存。服务器要对实时产生的数据进行实时汇总、分发。要实现汇总、分发的实时高效,需要将实时信息放入内存,进行处理,才能提高系统的性能,这样服务器需要有较大的内存。

(3)I/O能力。对每天生成的数据需要实时入库,需要有很强的I/O能力,使得数据的入库不会成为系统的瓶颈。

(4)系统扩展。在追求数据服务器单机高性能时,也需要考虑业务巨大时的系统负载的分流,系统在规划设计时,在软件设计上进行合理处理,使得应用可以在单机上运行,也可以有不同的服务器上进行任务分担,共同完成实时的业务处理。

3.服务器选型

服务器选型通常按照外形结构的不同将服务器分成塔式、机架式、刀片式服务器三种类型,在进行云数据中心规划设计时,应充分考虑云数据中心的需求和投资计划,选择合适的服务器类型。

(1)塔式服务器。塔式服务器是最常见的服务器类型,它的外形及结构与普通的PC相似。其主板插槽多、扩展性较强,而且其机箱内部一般会预留较多的空间,以便进行硬盘、电源等的冗余扩展。这种服务器无须额外设备,对放置空间没过多的要求,并且具有良好的可扩展性,配置也能够很高,因而应用范围非常广泛,可以满足一般常见的服务器应用需求。适合常见的入门级和工作组级服务器应用,而且成本比较低,性能可满足大部分中小企业用户的要求。但也有其局限性,在需要采用多台服务器同时工作,以满足较高的服务器应用需求时,由于其体积比较大,占用空间多,不便于管理。

(2)机架服务器。其外观按照统一标准来设计,配合机柜统一使用,以满足服务器密集部署需求。由于能够将多台服务器安装到一个机柜上,因此机架服务器的主要特点是节省空间。机架服务器的宽度为19英寸,高度以U为单位(1U=1.75英寸=44.45毫米),通常有1U、2U、3U、4U、5U、7U几种标准的服务器,最常用的有1U、2U。其优点是占用空间小,而且便于统一管理,但由于内部空间限制,可扩展性受到限制,例如1U的服务器大都只有1~2个PCI扩充槽。此外,散热性能也是一个需要注意的问题,而且需要有机柜等设备,因此,多用于服务器数量较多的大型云数据中心。

(3)刀片服务器。刀片服务器是指在标准高度的机架式机箱内可插装多个卡式的服务器单元,实现高可用和高密度。每一块"刀片"实际上就是一块系统主板。它们可以通过"板载"硬盘启动自己的操作系统,如Linux等,类似于一个个独立的服务器,在这种模式下,每一块母板运行自己的系统,服务于指定的不同用户群,相互之间没有关联。

总之,塔式服务器、机架服务器和刀片服务器分别具有不同的特色。塔式服务器应用广泛,性价比高,但占用空间较大,不利于密集部署;机架服务器平衡了性能和空间占用,但扩展性能一般,在应用方面不能做到面面俱到,适合特定领域的应用;刀片服务器大大节省了空间,升级灵活、便于集中管理,降低了总成本,但标准不统一,制约了用户选择空间。建议在选用时应根据实际情况,综合考虑,以获得最佳的解决方案。

(四)存储系统规划设计

存储系统在整个云数据中心设计中的作用至关重要,因此,对存储系统的设计必须采用最先进的存储技术,选择能够全方位进行数据保护的产品,为用户提供高可用的存储系统解决方案,保证整个系统对数据访问的高效性,并充分考虑到后续系统的可扩展性。

常用的存储技术包括直连方式存储(direct attached storage,DAS)、网络连接存储(network attached storage,NAS)、存储区域网络(storage area network,SAN)三种。在规划设计云数据中心时,应根据需求分析阶段得到的系统需求性能指标,结合每种存储方式的特点,选择合适的存储方式。对于云数据中心而言,由于DAS存储技术的直连方式直接影响了系统的可扩展性,显然是不合适的,因此,接下来重点分析NAS技术和SAN技术。

1.NAS技术

在NAS存储结构中,存储系统不再通过I/O总线附属于某个服务器,而直接通过网络接口与网络直接相连,由用户通过网络访问。NAS实际上是一个带有瘦服务器(即去掉了通用服务器的计算功能,而仅仅提供文件系统功能)的存储设备,其作用类似于一个专用的文件服务器。

2.SAN技术

SAN是一种高速的、专门用于存储系统的网络,通常独立于计算机局域网。SAN将主机和存储设备连接在一起,能够为其上的任意一台主机和任意一台存储设备提供专用的通信通道。SAN将通道技术和网络技术引入存储环境中,提供了一种新型的网络存储解决方案,能够同时满足吞吐率、可用性、可靠性、可扩展性和可管理性等方面的要求。根据连接方式的不同常用的SAN有FC-SAN和IP-SAN两种。

(1)FC-SAN。FC-SAN是由磁盘阵列连接光纤通道组成,通过SC-SI协议实现数据通信,数据处理是“块级”的。SAN采用可伸缩的网络拓扑结构,通过具有高传输速率的光纤通道的直接连接方式,提供SAN内部任意节点之间的多路可选的数据交换,并且将数据存储管理集中在相对独立的存储区域网内。在FC-SAN中,必须有专用的硬件和软件设备。硬件包括FC卡、FC HUB、FC交换机等,软件主要是FC控制卡针对不同操作系统的驱动程序和存储管理软件。

(2)IP-SAN。IP-SAN是在高速千兆以太网上利用iSCSI接口进行快速数据存储的技术。iSCSI是一种在TCP/IP上进行数据块传输的标准，它可以实现在IP网络上运行SCSI协议。

二、云数据中心工程测试

云数据中心的工程测试是在前期需求分析、规划设计以及实施的基础上，测试云数据中发现数据的内部关系和规律，为解决问题提供参考。在数据分析阶段，主要工作包括确定数据分析或挖掘的方法、数据整理以及运行数据分析算法获得挖掘结果。数据分析时首先应该根据数据和挖掘目标的特点，确定数据分析或挖掘的算法，然后将需挖掘的数据进行数据整理，即将数据规范为数据挖掘算法需要的数据格式，从而使分析过程更有效、更容易，最后运行数据挖掘算法，这里工作大多数是通过数据分析软件来完成的。这就要求分析者不但要掌握数据分析方法，而且要熟悉主流的数据分析软件的操作。

为了把隐藏在数据内部的关系和规律一目了然地展现出来，可采用文字、表格和图形的方式进行呈现。为了更有效、直观地表达分析者想要表达的观点，一般情况下，能用图形说明的问题，就不用表格，能用表格说明的问题，就不用文字描述。常用的数据图包括饼图、柱形图、条形图、折线图、散点图、雷达图等，当然也可以对这些图进一步整理加工，使之变成我们所需要的图形，例如金字塔图、矩阵图、漏斗图等。

数据报告是对整个数据分析过程的一个总结和呈现，通过报告，把数据的起因、过程、结果和建议完整地呈现出来，为决策者提供科学、严谨的决策依据。一份好的数据分析报告，首先需要一个好的分析框架，并且图文并茂，层次清晰，其目的是能让阅读者直观地正确地理解报告内容，对得出的结论产生思考。然后需要一个明确的数据分析结论，最后根据发现的业务问题，一定要有建议或解决方案。在数据分析处理过程中，主要的难点是数据预处理和数据分析的方法。

1.数据预处理方法

数据预处理在实际的数据分析中是花费时间最长也是最为烦琐的步骤。数据预处理时首先要了解主题相关的业务和数据分布状况，再根据业务的实际情况进行数据抽取、数据清洗、数据变换、数据聚合等工作。

主题分析为了更好地进行数据预处理,首先必须研究数据分析主题相关的业务系统元数据和源数据的质量。

(1)分析主题所需的元数据。对于某一确定的主题,相关的业务和数据往往分散在不同地点不同类型的数据库中。每个业务系统在设计数据存储模式时,其原则是基于无冗余性和高效地操作日常业务,因此数据常被分散在各自业务系统的数据库的多个数据表中。如果要抽取这些数据,就必须查阅业务系统的原始设计文档,以理解每个数据代表的业务意义、数据之间的关系、对业务起重要作用、数据分散的位置等信息,最终确定数据分析中可利用的元数据。

(2)确认源数据的质量。为了获取准确的数据分析结论,就必须确认源数据的质量,例如,了解主题所涉及的关键数据是否能够获取、属性值中是否有许多缺失值或无效值以及是否有足够的历史数据等问题。当按照主题进行挖掘时,有些关键的源数据是必需的,否则数据分析的结论必然错误。例如,在信用卡欺诈分析项目中,若无法获取已经被确定为欺诈的实例,则数据分析过程可能无法继续进行,因为模型不能学习到足够的欺诈实例。在源数据所在的业务系统中,若操作员的责任心不强,则会导致一些关键数据缺失或无效,最后使得分析结果不准确、不可用。因此若希望在数据挖掘中得到正确的结论,就必须保证源数据的质量。

2. 数据抽取

数据抽取的源数据包括直接获取的第一手数据和通过加工整理后的第二手数据。从普通数据库环境中抽取数据是非常复杂的,因为判定一个记录是否可以进行提取处理,往往需要完成对多个文件中记录的多种协调查询,也需要进行键码读取、连接逻辑等操作。普通数据库环境中的输入键码在输出到仓库之前往往需要重新建立,从普通数据库环境中读出和写入数据分析的数据库系统时,输入键码很少能够保持不变。在简单情况下,在输出键码结构中会加入时间戳成分。在复杂情况下,整个输入键码必须被重新散列或者重新构造。为了抽取相关的数据,可以使用数据库系统本身提供的方法(如标准的 API、OLE、JDBC 和专有的界面;复制工具;中间件或网关)或一些专用抽取工具。

在抽取数据时,需要对其内容、渠道、方法进行规划。规划时应考虑以下因素:①将对数据分析目的和主题的需求转化为具体的要求,如评价产品供方时,需要抽取的数据可能包括供方及产品的详细数据、过程控制能力、不确定因素等相关数据;②明确由谁在何时何处,通过何种渠道和方法抽取数据;③记录表应便于使用;④采取有效措施,防止数据丢失和虚假数据对系统的干扰。

3.数据清洗

数据清洗的目标是使数据干净、整齐,以免数据分析结果受到影响。其主要内容包括对缺失值处理、噪声点清除等。

(1)缺失值处理。在解决实际业务系统中,必然有一些缺失的数据(如在数据库中表现为空或 NULL 值),即有一部分属性值或者有些对象的某个属性值是肯定不可能得到的。这就导致了数据分析对象是不完全的。在数据分析算法中,有少数的算法可以容忍或处理缺失值,但大多数算法无法处理缺失值。对于少量的缺失值,可以利用下面的方法进行特殊的处理,但缺失值数量过大的时候(如含有缺失值的实例数超过总实例数的30%以上),无论进行什么处理都难以得到满意的结果。

删除法。对于存在有缺失属性的记录,直接进行删除,从而得到一个完备的记录表。这种方法简单易行,但由于是以减少信息量为代价来换取信息的完整性,因此局限性较大,一方面可能损失了大量有用的信息;另一方面,在信息量较小的情况下,如果不完整的记录所占的比重较大,就会严重地影响信息表的信息完整性,以致影响到决策规则的有效生成。

预测估计法。对于存在有缺失属性的记录,根据数据挖掘方法预测进行填补。例如,利用粗糙集中数据的不可分辨关系来对不完备的数据进行补齐的处理。其基本思想是,遗失数据值的填补应使完整化后的信息系统产生的分类规则具有尽可能高的支持度,产生的规则尽量集中。因为如果规则支持度较小,则产生的规则分布较广,这些规则中就可能隐含着由噪声产生的规则。因此对遗失数据的补齐应使具有缺失值的对象与信息系统的其他相似对象的属性值尽可能地保持一致,使属性值之间的差异最小,从而最后生成的分类规则也较集中,具有较高的支持度。

新值法。对于存在有缺失属性的记录,将遗漏的属性值作为一种特殊的属性值来处理,这种属性值不同于其他的任何属性,这样就把不完备的信息表变成了完备的信息表。该方法涉及的内容较多,方法比较复杂。

统计填充法。对于存在有缺失属性的记录,运用统计学原理,根据信息表中的其余实例取值的分布情况来对遗漏的属性值进行填充。这种方法思想简单,实现便利,在实际中应用很多。

(2)噪声点清除。数据抽取会产生噪声。数据抽取过程包括手工抽取和自动抽取。手工抽取的数据往往会受到录入错误的困扰而产生噪声数据;自动抽取的数据也难免存在大设备问题而产成的噪声数据。因此,找出数据中的噪声点是清除它的前提。值得注意的是有一类噪声点(又称异常点)是由于业务流程中存在问题而出现的,找到这样的异常点非常有意义,例如,在欺诈监测、网络入侵等应用中,这些异常点就是数据挖掘的目的。对于异常点的探测,特别是高维空间中异常点的探测,目前仍然是一个非常活跃的研究领域。现在还没有一个完美的异常点探测方法,需要在实际应用中同时使用探测方法和业务经验进行探测。常用的异常点探测方法有基于均值和标准差、基于中位点、统计法、聚类法、距离法、密度法等。

4.数据变换

由于各个业务系统所采用的数据模式不一致,需要进行统一。需要转换的情况多种多样,如同一字段的不同名称、数据类型、长度、单位的转换,一个表中一个字段对应着另一个表中多个字段时的转换,从行到列的转换等。转换过程对最终数据质量的影响最大,在转换过程中非常容易引入新的错误,因此在转换前后要注意进行转换质量的验证。数据变换主要包括属性值的归一化处理和属性与属性类之间的变换。

属性值的归一化处理主要是为了进行属性之间的比较或运算,需要把不同属性的不同变量取值范围变换成同一范围,以免使得结果发生扭曲,偏向取值范围大的变量。这一过程称为归一化,或规范化、标准化。常用方法有极差归一化、标准差归一化、数量级归一化、离散属性的数值化、连续变量离散化等。例如,可以把大屏幕显示系统的故障原因规范为六种:①投影机电路控制单元故障;②信号接口转换设备故障;③投影机光路控制故障;④拼接矩阵故障;⑤信号传输设备故障;⑥图形控制器故障。

属性与属性类之间的变换是指在原始的变量形态下,数据分析算法不易发现变量之间或变量与类标签之间的关系。此时根据经验或业务知识,将变量变换成适当的形式,以便数据分析算法可以更好地发现其中的联系。常用方法有幂变换、box - cox 变换、logistic 变换、傅里叶变换与小波变换、概念层次提升等。

5.数据聚合

数据聚合是指从一个或多个属性派生或合成一个或多个新的属性,这些新的属性能够更好地用于达到数据分析的目标。恰当的数据聚合通常能提高数据分析系统的性能,增加其结果的可解释性。数据聚合一方面是由于数据分析算法的关系发现的能力是有限的,其自身并不能发现属性之间的所有可能的关系而用于目标的分析,而只是在属性现有的形态上寻找数据之间的部分关系,因此需要数据分析者利用业务经验聚合和分析对象关系更密切的属性;另一方面是由于在信息分散在多个属性中的时候(如时间序列等情形),需要合适的属性综合表达这些数据代表的信息。

对于一般数据集,通常是对多个变量之间进行一些运算。常见的数据聚合方法有比例法、和差积法等。例如,在连锁超市进行日统计时,需要将一日的同类商品的营业额进行累加统计。对于系列数据集,在实际应用中,经常要对系列数据进行处理。如过去几个月的股票变化情况、用户随时间变化的流失情况等。

6.属性约简

属性约简是解决高维数据计算复杂性和准确性等问题的方法,主要目标是消除冗余和不相关属性对计算过程和最终结果造成的影响,从而获得简洁有效的模型。因为模型表示越简洁,则越具有泛化能力。特别是对于聚类等无监督学习方法,高维数据可能无法形成稳定的模式。实验表明,在许多情况下属性约简能保持或提高模型的泛化能力。属性约简的目的是找到满足特定标准的最小的属性子集。属性约简工作如下:首先是使用某种搜索方法找到一组属性子集,然后测试这组属性是否满足特定标准,未满足则重新搜索,直到到达终止条件为止。终止条件一般是迭代次数、子集评估的阈值等。根据测试这组属性是否满足标准,可将属性约简方法分为两类,即包装方法和过滤方法。

在包装方法中,属性约简算法利用后续的数据挖掘算法评估属性约简的效果,即在这些被选择出的属性上运行挖掘算法,从中选出具有最好挖掘效果(通常是错误率最小)的一组属性;过滤方法则不考虑学习算法,利用自己的标准进行属性评估和选择,选择完毕再使用数据挖掘算法。这些评估标准通常是不一致率、信息熵、依赖程度、精确度等。一般来说,包装方法的效果要好于过滤方法,但是时间复杂度也高于过滤方法。在两类属性约简算法中,搜索方法都起着重要的作用。搜索方法可以根据搜索方向(前向、后向、双向、基于实例)、搜索方式(穷尽搜索、启发式、非确定式)及评价方式(精确度、一致性、信息熵等)等进行分类。①

第三节 数据分析技术研究

当数据预处理完成后,就可以进行数据分析。数据分析过程主要考虑两个问题:一是确定数据分析方法。二是实施数据分析处理过程。确定数据分析方法主要是根据数据的各种特征、展示目标等因素,确定数据分析方法。实施数据分析处理过程主要是根据选择的数据分析方法,在对数据进行适当数据整理变换使其更符合特定分析算法的格式要求之后,利用数据分析软件工具的特定算法或构建合适的模型实施数据分

①陶皖. 云计算与大数据[M]. 西安:西安电子科技大学出版社,2017.

析,获得准确、科学的结论。数据分析按照任务分为描述式数据分析和预测式数据分析,其中描述式数据分析是以简洁概要的方式描述数据,通常是指数据的统计分析;预测式数据分析通过建立一个或一组模型,试图预测新数据集的行为,例如分类、聚类等方法。

一、数据分析方法

(一)描述式数据分析

描述式数据统计分析主要通过计算某些重要统计量及显示数据的分布形式等来进行,其结果则可最终反映现象的基本性质及特征。

1. 对比分析法

对比分析法是指将两个或两个以上的数据进行比较,分析它们的差异,从而揭示这些数据所代表的事物发展变化情况和规律性。该方法的特点是可以非常直观地看出事物在某方面的变化或差距,并且可以准确、量化地表示这种变化或差距是多少。

对比分析法可分为静态比较和动态比较两类方法。静态比较是在同一时间条件下对不同总体指标进行的比较,又称横向比较,简称横比。如不同部门、不同地区、不同国家的比较。动态比较是在同一总体条件下对不同时期指标数值进行的比较,又称纵向比较,简称纵比。这两种方法既可以单独使用,也可以结合使用。在实际操作中,选取对比的对象需要考虑是否具有对比的意义。常用的对比分析法有完成值与目标值的对比、不同时期的对比、活动效果对比等。

(1)完成值与目标值的对比。将实际完成值与目标值进行对比,分析任务的完成率。例如,某单位在年前制订本年的业绩目标或计划。当处于本年的某个月时,可把目标按时间拆分进行对比,或直接计算完成率,再与时间进度进行对比,查看是否能按计划完成当年的业绩目标。

(2)不同时期的对比。选择不同时期的指标数值(例如销售量)作为对比标准,分析销售量的升降情况。例如,某单位未赶上本年度业绩目标的时间进度,那么可继续与自己去年同期及上个月完成情况进行对比。与去年同期完成情况的对比简称为同比(主要考虑季节周期性的变化,有淡旺季之分),与上个月完成情况的对比简称为环比。

(3)活动效果对比。对使用某项活动(例如销售让利)或采用某项技术手段前后进行对比,得出分析某项活动或采用某项技术手段后是否有效果,效果是否明显等结论。例如,对企业投放广告的前后业务状况进行分析,了解投放的广告的效益如何,品牌的知名度是否上升,产品销售量是否有大幅的增长等信息。

2.交叉分析法

交叉分析法通常由于分析两个变量之间的关系,即同时将两个有一定联系的变量及其值交叉排列在一张表格中,使其变量值成为不同变量的交叉节点,形成交叉表,从而分析交叉表中变量之间的关系,所以也叫交叉表分析法。交叉表也可以是多维的,维度越多,交叉表就越复杂,所以维度需要根据分析的目的决定。

3.均值分析

均值分析是运用指定变量的均值指标(主要包括均值、标准差、众数、中位数、总和、观测量数、方差等)的方法来反映总体在一定时间、地点条件下某一数量特征的一般水平。均值指标可用于同一现象在不同地区、不同部门或单位时间或不同时间的对比数据。均值指标最常用的是算术平均数。

4.方差分析

方差分析是使用得最多的统计分析方法之一。它主要用于研究定类变量与定距变量之间的关系。定距变量是被分析的变量,定类变量是影响因素的变量。定类变量取值的几个类别被称为影响因素的几个水平。研究的目的是想知道当影响因素取不同水平时,被分析变量是否有显著差异。方法是通过比较各个类别的组内差异和类别之间的组间差异大小来确定变量之间是否有关。如果组内差异大而组间差异小,则说明两个变量之间不相关。反之,如果组间差异大而组内差异小,则说明两个变量之间相关。使用方差分析的方法时,要求因变量在影响因素的各个水平上的分布必须服从正态分布。

5.主成分分析及因子分析

(1)主成分分析。在科学研究中,经常遇到多个维度指标的实际问题,虽然多个维度指标可以提供丰富的信息,但同时增加了分析问题的复杂度和难度。事实上,不同维度指标之间往往存在着相关性,要用较少的相互独立的维度指标来代替原来的多个维度指标,使其既减少了维度指标的个数的同时又能综合反映原维度指标的信息。

主成分分析就是用于解决此类问题的一种方法。主成分分析是将多个相互关联的数值维度指标转化为少数几个互不相关的综合指标的统计方法,即用较少的指标代替和综合反映原来的较多信息,这些综合后的指标就是原来多指标的主要成分。它是一种降维的统计方法,其基本原理是:借助于一个正交变换,将其分量相关的原随机向量转化成其分量不相关的新随机向量,这在代数上表现为将原随机向量的协方差阵变换成对角形阵,在几何上表现为将原坐标系变换成新的正交坐标系,使之指向样本点散布最开的p个正交方向,然后对多维变量系统进行降维处理,使之能以一个较高的精度转换成低维变量系统,再通过构造适当的价值函数,进一步把低维系统转化成一维系统。写成矩阵形式为:X=BZ+E。其值X为原始变量向量,B为公因子负荷系数矩阵,Z为公因子向量,E为残差向量。因子分析的任务就是求出公因子负荷系数和残差。如果残差E的影响很小可以忽略不计,数学模型变为X=BZ。如果Z中各分量之间彼此不相关,形成特殊形式的因于分析,称为主成分分析。主成分分析的目的是把系数矩阵B求出。

理论上,数据的最多主成分的个数可有m(m=n)个,该m个主成分反映了原有指标的所有信息,但主成分分析的主要目的是用较少的综合指标(主成分)来反映原有指标的较多信息。通常地,实际所确定的主成分个数少于原有指标个数。计算主成分的步骤是:首先将原有指标标准化,然后计算各指标之间的相关矩阵,该矩阵的特征根和特征向量,最后将特征根由大到小排列,分别计算出其对应的主成分。

通常确定主成分个数主要有两种方法:一是查看累积贡献率,当前K个主成分的累积贡献率达到某一特定值(一般采用70%以上)时,则保留前后个主成分。二是查看特征根,一般选取特征根"≥1"的主成分。在这两种方法中,前者取的主成分个数较多,后者取的较少,一般情况下是将这两种方法结合使用。

（2）因子分析。在科学研究中,经常遇到所要研究的变量不能或不易直接观测,它们只能通过其他多个可观测指标来间接反映,例如,评价飞行人员的飞行能力是一个不易直接测得的变量,称这种不能或不易直接观测的变量为潜在变量或潜在因子。通常,多个变量之间往往具有相关性,因子分析就是解决如何找出这些潜在的因素以及这些潜在的因素是如何对原有的指标起支配作用这类问题的。

因子分析法是寻找隐藏在可测试变量中,不能或不易直接观测到,但却影响或支配可观测变量的潜在因子,并估计潜在因子对可观测变量的影响程度及潜在因子之间关联性的多元统计分析方法。其基本原理是：根据相关性大小把变量分组,使得同组内的变量之间相关性较高,但不同组的变量不相关或相关性较低,每组变量代表一个基本结构,即公共因子,并根据系统要求的累积贡献率确定主因子的个数和因子模型。

（二）关联挖掘分析

1.基本概念

关联规则挖掘是数据挖掘中最活跃的研究领域之一。关联规则挖掘最初提出的动机是针对购物篮分析问题,目的是从交易数据库中发现顾客购物的行为规则。关联是指两个或多个变量的取值之间存在某种规律性。关联规则是描述两个或多个变量之间的某种潜在关系的特征规则。找出所有类似这样的规则,对于企业在销售配货、商店商品的陈列设计、超市购物路线设计、产品定价和促销等方面都是很有价值的。

2.关联挖掘原理

支持度是对关联规则重要性的衡量,可信度是对关联规则准确度的衡量。支持度说明了这条规则在所有事务中有多大的代表性,显然支持度越大,关联规则越重要。有些关联规则可信度虽然很高,但支持度却很低,说明该关联规则实用的机会很小,因此也不重要。

按照关联规则的定义,不但满足最小支持度,而且满足最小信任度的关联规则,因此可将关联规则挖掘分为两个步骤：①发现频繁项目集。通过用户给定 Min support,寻找所有频繁项目集或者最大频繁项目集;②生成关联规则。通过用户给定最小可信度,在每个最大频繁项目集中,寻找 Confidence 不小于 Min - confidence 的关联规则。

(三)聚类挖掘分析

1.基本概念

聚类分析也称无监督学习、无教师学习,或无指导学习。聚类分析是研究如何在没有训练的条件下把样本划分为若干类。

(1)聚类算法的特点。聚类是对物理的或抽象的样本集合分组的过程。聚类分析有多种目标,但都涉及把一个样本集合分组或分割为子集或簇,簇是数据样本的集合,聚类分析使得每个簇内部的样本之间的相关性比与其他簇中样本之间的相关性更紧密,即簇内部的任意两个样本之间具有较高的相似度,而属于不同簇的两个样本间具有较高的相异度。相异度可以根据描述样本的属性值计算,样本间的距离是最常采用的度量指标。在实际应用中,经常将一个簇中的数据样本作为一个整体看待。虽然用聚类生成的簇来表达数据集不可避免地会损失一些信息,但却可以使问题得到必要的简化。从统计学的观点看,聚类分析是通过数据建模简化数据的一种方法。

介于以上原因,聚类算法要求我们不但需要深刻地了解所用的各种聚类算法的特点,而且还要知道数据抽取过程的细节及拥有应用领域的专家知识。对数据了解得越多,越能成功地评估它的真实结构。因此构建聚类算法应具有以下几个特点。

处理不同字段类型的能力。算法不仅要能处理数值型的字段,还要有处理其他类型字段的能力。目前有很多针对数值类型数据的聚类算法,但实际应用中可能需要对其他类型的数据进行聚类,如二元类型、分类(标称)类型、序数类型、混合类型等。

可伸缩性。数据挖掘领域主要研究面向大型数据库,所以可伸缩性是一个基本要求,即算法要能够处理大数据量的数据库样本,比如处理上百万条记录的数据库,也要求算法的时间复杂度不能太高,最好是多项式时间的算法。许多聚类分析算法在小数据集上有效,但对于大数据集时聚类算法可能产生偏差,甚至出现错误的结果。因此,良好可扩展性是实际应用对聚类算法提出的要求。

处理高维数据的能力。大型数据库或数据仓库可能含有若干个维或属性,即数据的维数很高。较早的聚类算法的研究主要针对低维数据,例如二、三维的数据,但对于高维数据就没有那么高的准确率了。所以对于高维数据的聚类分析是很具有挑战性的,特别是考虑到在高维空间中,数据的分布是极其稀疏的,有时是高度倾斜的,而且形状也可能是极其不规则的。目前已提出了一些针对高维数据的聚类算法。

发现具有任意形状的簇的聚类能力。许多聚类算法是建立在距离度量基础上的,例如使用欧几里得距离的相似性度量方法,这一类算法发现的聚类通常是一些球状的、大小和密度相近的类。但是实际存在的簇可能是任意形状的。簇的大小差异较大,密度也不尽相同。所以要求算法有发现任意形状的聚类的能力。

能够处理异常数据。数据集合中往往包含异常数据,例如,孤立点、缺失值、未知或错误的数据。如果聚类算法对这些数据很敏感,就有可能导致错误的分析结果。所以,在处理孤立点时,需要尽量排除或降低来自孤立点的影响,应该考虑到一些实际问题可能要求聚类算法对噪声数据具有较低的敏感性。但一些实际问题又要求聚类算法在执行过程中合理地发现孤立点,例如对商业欺诈的分析。

对数据顺序的不敏感性。有些聚类算法对输入数据的顺序敏感,按不同的输入顺序提交同一组数据时,聚类算法会生成显著不同的聚类结果。输入参数对领域知识的弱依赖性。许多聚类算法要求用户输入特定的参数,如产生的簇的数目,参数的细微变化可能导致显著不同的聚类结果,但对于高维数据,这些参数又是相当难以确定的。

聚类结果的可解释性和实用性。聚类的结果最终都是要面向用户的,因此聚类的结果应该是可理解的、可解释的、可用的。

增加限制条件后的聚类分析能力。在实际聚类分析时会有很多限制,因此一个好的聚类算法,应该是在考虑这些限制的情况下,仍旧有较好的表现。

(2)定义和评价标准。一个聚类分析的质量取决于对度量标准的选择,因此必须仔细选择度量标准。为了度量对象之间的接近或相似程度,需要定义一些相似性度量标准。

2.聚类挖掘应用

(1)聚类分析可以作为其他算法的预处理步骤。利用聚类进行数据预处理,可以获得数据的基本概况,在此基础上进行特征抽取或分类就可以提高精确度和挖掘效率。也可将聚类结果用于进一步关联分析,以获得进一步的有用信息。

(2)可以作为一个独立的工具来获得数据的分布情况。聚类分析是获得数据分布情况的有效方法。通过观察聚类得到的每个簇的特点,可以集中对特定的簇做进一步分析。这在诸如市场细分、目标顾客定位、业绩估评、生物种群划分等方面具有广阔的应用前景。

(3)聚类分析可以完成孤立点挖掘。许多数据挖掘算法试图使孤立点影响最小化,或者排除它们。然而孤立点本身可能是非常有用的。如在欺诈探测中,孤立点可能预示着欺诈行为的存在。下面利用聚类算法,对文本的特征词进行冗余剔除。

根据以上定义,特征聚类处理如下:①随机选取特征词候选集中一个特征词作为第一个簇的中心;②选取下一个特征词,依次计算该特征词与已有簇中心的相似度;③若该特征词与所有簇中心的相似度都小于设定的阈值,则以该特征为中心建立一个新簇;否则将该特征词加入相似度最大的簇中;④循环步骤,直到所有特征词都被处理;⑤保留每个簇的中心,将该簇中其他特征词剔除。经过特征聚类处理后,特征词的冗余度大大降低。

3.其他聚类算法

聚类方法主要除划分聚类外,还有分层聚类、密度聚类、网格架类和模型聚等。

(1)分层聚类。分层聚类技术可以从小到大分层次创建聚类,反映了将信息按不同程度总括和概括起来的一种方法。该算法是把簇整理为自然的层次结构,即将簇本身逐步分组,使得在每一层,组内聚类样本之间比不同组的样本之间更为相似。这种方法对给定的数据集进行层次的分解,直到某种条件满足为止。由于聚类技术是无监督学习过程,因此没有绝对最好的聚类结果。分层聚类分析只是把 n 个没有类别标签的样本分成一些合理的类,结果会产生两种极端情况:一种情况是把数据库中的每一条记录看作一个类,这样当然达到了把记录分类的目的,但是却与聚类技术是为了使用户可以更清楚地理解数据库中的记录这个最终目的相违背,况且生成的类应该比数据库中的记录数少得多;另一种极端情况是把所有的记录归入一个类,虽然实现了概括数据库内容的目的,但是不能向用户提供任何有用的信息。究竟应该生成多少个类,要视具体情况面定。分层聚类技术的一个优点就是允许最终用户指定最后生成的类的数量。

分层聚类技术在实现上又可分为"自底向上"和"自顶向下"两种方案。例如,在"自底向上"方案中,初始时每一个数据记录都组成一个单独的组,在接下来的迭代中,它把那些相互邻近的组合并成一个组,直到所有的记录组成一个分组或者某个条件满足为止。代表性的算法包括:BIRCH 算法、CURE 算法、CHAMELEON 算法等。

(2)密度聚类。密度聚类的思想基于距离的划分方法,只能发现球状的簇,而不能发现其他形状的类。密度聚类则只要邻近区域的密度(对象或数据点的数目)超过某个阈值,就继续聚类。也就是说,对给定类中的每个数据点,在一个给定范围的区域中必须至少包含某个数目的点。这样,密度聚类方法就可用于过滤"噪声"孤立点数据,发现任意形状的类。

基于密度的方法主要有两类:基于连通性的算法和基于密度函数的算法。基于连通性的算法包括:DBSCAN 算法、GDBSCAN 算法、OPTICS 算法、DBCLASD 算法、DENCLUE 算法等。基于密度函数的算法有 DBN-CLUE 等算法。其中 DBSCAN 算法是一种基于密度的聚类算法,它将足够高密度的区域划分为簇,能够在含有"噪声"的空间数据库中发现任意形状的簇,领域的形状取决于两点间的距离函数,其缺点是需要由用户确定输入参数(这在现实的高维数据集合中变得不太现实)。

OPTICS 算法为自动和交互的聚类分析提供了一个可扩展的簇次序,

而不是生成一个明确的数据聚类。DENCLUE算法是基于密度函数的聚类方法,它是利用数学函数(又称影响函数,可以是抛物线函数、方波函数、高斯函数等)形式化地建模,样本密度可以用所有点影响函数的加和计算,并通过确定密度吸引点的方法精确地确定簇,该算法的优点是,对于有大量"噪声"的数据集,算法有良好的聚类特性,而且,基于单元组织数据使算法可以高效地处理大型高维数据。

(3)网格聚类。网格聚类方法首先将数据空间划分成为有限个单元的网格结构,所有的处理都是以单个单元为样本。这样处理的一个突出的优点就是处理速度很快,通常,它只与把数据空间分为多少个单元有关,而与目标数据库中记录的个数无关的。典型的算法有STING算法、CUQUE算法、WAVE – CLUSTER算法。

(4)模型聚类。模型聚类方法的目标是优化给定数据与某些数学模型之间的拟合。它给每一个聚类假定一个模型,然后去寻找能够很好地满足这个模型的数据集。这样一个模型可能是数据点在空间中的密度分布函数或者其他函数。

基于模型的聚类方法主要分为统计学方法和神经网络方法等。这种基于标准的统计数字自动决定聚类的数目,主要是考虑"噪声"数据或孤立点,从而产生健壮的聚类方法。目前基于统计学的聚类方法主要有Fisher提出的COBWEB,Gernar等人提出的CLASSIT以及Cheeseman和Stucz提出的Auto Class。其中COBWEB是一种简单增量概念聚类算法,它采用启发式估算分类效用的形式创建层次聚类,分类树中每一个节点对应一个概念,包含该概念的一个概率描述,概括该节点的样本信息,该算法可以自动修正划分中类的数目,不需用户提供相应参数,其缺点聚类的概率分布表示使得更新和存储聚类代价较高。CLASSIT对COBWEB进行扩展,用来处理连续性数据的增量聚类,该算法在每个节点中存储属性的连续正态分布的均值和标准差,其分类效用度量是连续属性上的积分,而不是在离散属性上求和,其缺点也是不适用于对大型数据库中的数据进行聚类。

Auto Class是在工业界较为流行的聚类方法,它采用贝叶斯统计分析来估算结果簇的数目,系统通过搜索模型空间所有的分类可能性,自动确定分类类别的个数和模型描述的复杂性。神经网络的聚类方法主要包括 Rumelhart 等人提出的竞争学习神经网络和 Kohonen 提出的自组织特征映射神经网络,该算法的缺点是处理时间较长,并且有较高的数据复杂性。所以,为了使神经网络聚类方法能够应用于大型数据库,还需要研究能够提高网络学习速度的学习算法,并增强网络的可理解性。实际应用中的聚类分析可能包含多种聚类算法,而不是单一的聚类算法。

二、数据分类与预测分析

1.数据分类与预测的步骤

在数据挖掘过程中,分类与预测是最广泛使用的方法,也是研究得最多的方法,它可用于描述重要数据类型或预测未来数据的趋势。分类方法用于预测数据对象的离散类别;而预测则用于预测数据对象的连续取值,如可以构造一个分类模型来对银行贷款进行风险评估;也可建立一个预测模型。机器学习、专家系统、统计学和神经生物学等领域的研究人员已经提出了许多具体的分类预测方法。最初的数据挖掘方法大多都是在这些方法及基于内存基础上所构造的算法。而对于云数据中心来说,数据挖掘方法都要求具有处理大规模数据集合能力和可扩展能力。数据分类主要是通过分析训练数据样本,产生关于类别的精确描述。数据的分类和预测分析主要包括以下两个步骤:

(1)建立一个模型,描述给定的数据类集或概念集(简称训练集)。主要包括三个过程:①划分数据集。给定带有类标记的数据集,并将数据集划分为训练集和测试集。划分方法通常是从数据集中随机抽出2/3的作为训练数据样本,其余通常是从数据集中随机抽出1/3作为测试数据样本;②构造分类模型。利用给定的训练数据样本,通过分析每类样本的数据信息,从中找出分类的规律,建立判别公式或判别规则。由于给出了类标号属性,因此该步骤又称为有指导的学习。如果训练样本的类标号是未知的,则称为无指导的学习(聚类)。分类学习模型可用分类规则、决策树和数学公式等形式给出;③测试分类模型。利用测试集对分类模型进行性能的评估,即利用分类模型对每一测试样本进行分类,将分类得到的类标号与测试集中原始的类标号进行对比,从而达到对分类模型的正确率、错误率等性能进行评估。

(2)使用模型进行分类。如果认为第一步模型的准确率达到性能要求,就可以用它对类标号未知的数据元组或对象进行分类。

2.数据分类与预测的方法

分类与预测方法从使用的主要技术上看,可以把分类方法归结为四种类型:基于距离的分类、决策树分类、贝叶斯分类和规则归纳等方法。这里主要介绍决策树分类方法。

(1)基本思路。决策树又称为判定树,是运用于分类的一种树结构。其中的每个内部节点代表对某个属性的一次判定测试,每条边代表一个测试结果,叶节点代表某个类或者类的分布,最上面的节点是根节点。利用决策树进行分类的基本思路为:首先利用训练集建立并精化一棵决策树,即建立决策树模型。这个过程实际上是一个从数据中获取知识,进行机器学习的过程。然后利用生成完毕的决策树对输入数据进行分类。对输入的记录,从根节点依次测试记录的属性值,直到到达某个叶节点,从而找到该记录所在的类。决策树分类方法采用自顶向下的递归方式,在决策树的内部节点进行属性值的比较并根据不同的属性值判断从该节点向下的分枝,在决策树的叶节点得到结论。所以从决策树的根到叶节点的一条路径就对应着一条合取规则,整棵决策树就对应着一组析取表达式规则。

该算法的一个最大的优点就是它在学习过程中不需要使用者了解很多背景知识(也是它的缺点),只要训练样本能够用属性—结论式表示出来,就可以使用该算法来学习。利用决策树进行分类的关键是建立一棵精化的决策树。即不但要通过一个递归的过程建立一棵树,而且要通过剪枝来降低由于训练集存在噪声而产生的起伏。

(2)ID3算法。经典的决策树分类算法是ID3算法。由训练数据集中全体属性值生成的所有决策树的集合称为搜索空间,该搜索空间是针对某一特定问题而提出的。系统根据某个评价函数决定搜索空间中的哪一个决策树是"最好"的。评价函数一般依据分类的准确度和树的大小来决定决策树的质量。如果两棵决策树都能准确地在测试集进行分类，则选择较简单的那棵。相对而言，决策树越简单，则它对未知数据的预测性能越佳。寻找一棵"最好"的决策树是一个NP完全问题。

ID3算法流程。ID3使用一种自顶向下的方法在部分搜索空间创建决策树，同时保证找到一棵简单的决策树——可能不是最简单的。这个算法一定可以创建一棵基于训练数据集的正确的决策树，然而，这棵决策树不一定是简单的。显然，不同的属性选取顺序将生成不同的决策树。因此，适当地选取属性将生成一棵简单的决策树。在ID3算法中，采用了一种基于信息的启发式的方法来决定如何选取属性。启发式方法选取具有最高信息量的属性，也就是说，生成最少分支决策树的那个属性。

ID3算法属性选择的度量方法。在属性列表中，需选择具有最高信息增益的属性作为决策节点，才能使得对结果划分中的样本分类所需要的信息量最小，并确保找到一棵简单的（但不一定是最简单的）决策树。利用香农信息论中给出的信息量和熵可以计算最高信息增益值。熵是一个衡量系统混乱程度的统计量，熵越大，表示系统越混乱。分类的目的是提取系统信息，使系统向更加有序、有规则组织的方向发展。所以自然而然的，最佳的分裂方案是使熵减少量最大的分裂方案。

3.数据分类与预测的算法

分类与预测算法有许多，例如基于距离的分类算法有最邻近分类、K-最邻近分类，决策树分类算法有ID3算法、C4.5算法、Hunt算法、CART算法、SLIQ算法、SPRINT算法等，贝叶斯分类算法有朴素贝叶斯分类、EM分类，规则归纳的分类算法有AQ算法、CN2算法、FOIL算法等。这里简单地介绍几个分类算法。

（1）K-最近邻分类算法。K-最近邻分类算法是一种典型的消极学习方法，即它并不主动对输入数据集构造归纳模型，而是在需要对未知实例进行分类的时候才去建模。本算法用距离来表征，距离越近，相似性越大，距离越远，相似性越小。即通过计算每个训练数据到待分类元组的距离，取和待分类元组距离最近的K个训练数据，K个数据中哪个类别的训练数据占多数,则待分类元组就属于哪个类别。距离的计算方法有多种,最常用的是通过计算每个类的中心来完成。该类算法优点是简便、易算;缺点是太过于局限,不够准确。

(2)C4.5算法。C4.5算法是ID3算法的扩展,它比ID3算法改进的部分是它能够处理连续型的属性。首先将连续型属性离散化,把连续型属性的值分成不同的区间,依据是比较各个属性Gain值的大小。C4.5比ID3引入了新的方法,且增加了新的功能:利用信息增益比例计算Gain值;合并具有连续属性的值;可以处理具有缺少属性值的训练样本;通过使用不同的修剪技术以避免树的过度拟合;K交叉验证;规则的产生方式等。

(3)DB learn算法。DB learn算法是用域知识生成基于关系数据库的预定义子集的描述。本算法采用自底向上的搜索策略,使用以属性层次形式的域知识,同时该算法使用了关系代数。该算法的事务集是一个关系表,即一个具有若干个属性的n元组。本算法使用了两个基本的算子:一是"删除",如果在关系表中有属性之间存在着关联关系,则删除直到只剩下彼此互不关联的属性,如年龄和出生年月这两个属性存在着年龄=现在时间−出生年月的关联关系,因此必须删除其中一个属性,保留另一个属性;另一个是"一般化",属性的值被一般化为层次在它之上的值从而生成规则。如就年龄这个属性而言,5岁以下都可以一般化为幼年,5~12岁可以一般化为童年等。

(4)朴素贝叶斯网络算法。贝叶斯分类是结合了统计学和贝叶斯网络的分类方法,它基于如下假定:待考察的变量遵循某种概率分布,且可以根据这些概率及已观察到的数据进行推理,以做出最优决策。贝叶斯分类器可以发现变量间的潜在关系,预测类成员变量的可能性,即给定样本属于某个类的概率。对于大型的数据库,贝叶斯分类器表现出了较高的分类准确率和较快的速度。其特点是:能充分利用领域知识和其他先验信息,能够显式地计算假设概率,分类结果是领域知识与数据样本信息的综合体现;利用有向图的表示方式,用弧表示变量之间的依赖关系,用概率分布表示依赖关系的强弱。表示方法非常直观,有利于对领域知识的理解;一般情况下,所有的属性都参与分类,并在分类中潜在地起作用;能进行增量学习,数据样本都可以增量地提高或降低某种假设的估计概率,并且能够方便地处理完整数据;贝叶斯分类一般处理的是离散属性的对象。本算法的优点在于易于实现,多数情况下结果较满意;缺点在于假设属性间独立,丢失准确性。

(5)AQ算法。在数据挖掘中,规则一般是指 IF/THEN 规则。IF 是数据中归纳出的条件,也称为规则的前件,由一个或一组条件的并组成;THEN 则是决策类,也称为规则的后件。规则根据其归纳方式的不同可以划分为分类规则和特征规则。分类规则描述了一类相对于另一类的区别,从归纳上它除要求能概括一类的特点之外,还要求别的类不具有这样的特点(尽量不覆盖反例),这种称为覆盖算法。特征规则仅是一个类别特点的总结,而无须其区分性。AQ算法的基础是覆盖或者星算法:设有一个有两个决策类的数据集,其中一个决策类的数据称为正例集;另一个称为反例集。一个正例在反例集上的星是所有覆盖该正例而排除所有反例的规则前件的集合。带有决策属性的数据集的每一条记录都可以看成是一条分类规则,只不过这条分类规则的支持率非常低,从而使之适用范围极为有限,预测的能力非常低下。支持率表明了分类规则是否具有代表性。基于分类规则的方法,试图从数据中归纳出支持率较高、适用广泛的少数分类规则组成的集合。[1]

---

①余来文,封智勇,林晓伟. 互联网思维:云计算、物联网、大数据[M]. 北京:经济管理出版社,2014.

第五章 云计算应用实务研究

第一节 云计算和物联网的结合

一、物联网产业——以环保行业为例

一项新技术的产生,必然会引起一项新的产业调整,又会取代一个旧的服务体系,形成一个新业务模式,物联网技术就是如此。相关企业可以开发保障生产安全、食品安全、生物安全、社会安全、环境安全等公共安全重大服务体系的物联网装备和系列产品,也可以在已建成的平台上提供社会化的公共安全监控服务,从而推动产业和市场的发展。在"应用引领产业发展"的感召下,中国的物联网应用已经扩展到多个行业领域,包括安防、电力、交通、医疗卫生、工业控制、农业、环境监测、金融服务业等多个领域,其中基于高速传感网的环境监测系统已在部分城市和地区投入使用:基于传感网的智能交通系统在流量监测、红绿灯控制、停车信息服务等方面已投入应用。

物联网可以帮助环保行业细化污染源监控系统全方位架构、强化数字环境管理,这将带来环境管理模式重大转变。借助物联网工业信息化技术,实施排污监控、工况监控、视频监控"三位一体"全方位实时监管,可从不同角度把握企业污染治理设施运行及排污状况,用整体化、系统化、全方位监控代替单一的排污口监控,可多信息、多角度、多方式集群逻辑判断企业生产的环保行为。污染源末端排污口主要污染物排放自动监控是核心,实时提供企业排放主要污染物的浓度、流量等第一手信息,是开展总量核算、提污费核定、认定违法超标超晕排污行为的数据来源:污染治理设施过程工况监控是基础,通过远程分析企业污染治理设

施的主要工况参数运行状态,实时掌控污染治理设施的正常运行状态,是核定企业污染治理设施有效运转率的主要途径;生产排污状态视频监控是标识,反映排污口废气或废水的物性状态,是判定企业是否停产、是否正常排污的有力佐证。物联网在环保行业有着重大的应用前景。在环境监测监控领域,建成环境监控物联网平台,建设环境监测传感网系统及预警平台、重点排污企业智能化远程监控平台、放射源管理传感网系统及集水文监测、环境监管与应急处置于一体的物联网决策指挥管理系统,打造"感知环保"应用,全面提升环境监管能力。

1.物联网对设备企业的机会和挑战

布在水中的传感器,就能随时监测水质情况;在泥石流多发地段布设监测点,可提前发出预警;在公园内安装噪声监测设备,就能随时监控噪声。借助物联网技术,在利用自然资源与保护自然环境之间,人们找到了关键衔接点。

在之前注重COD、二氧化硫的基础上,生态环境部新增了氨氮、总磷和氮氧化物削减率等监测指标。环保部门将把氨氮、氮氧化物和总磷等指标引入减排任务中。氮氧化物是形成灰霾大气的主要原因,氨氮和总磷则直接反映出湖体改善的效果。这些监测数据的采集要求,是设备企业的机会和挑战。

2.物联网对软件企业的机会和挑战

以环保行业为例,环保物联的目标是"测得准(数据)、传得快、搞得清、管得好(环境)"。数据的处理(包括是否预警)、多类别多地区数据的挖掘,都是软件企业的机会。当然,物联网所带来的海量数据和数据之间的众多关联,也给软件企业带来不少的挑战。

二、云计算与物联网的融合发展

物联网实质是物物相连,把物体本身的信息通过传感器、智能设备等采集后,收集至一个云计算平台进行存储和分析,在实际的应用领域,云计算经常和物联网一起组成一个互通互联、提供海量数据和完整服务的大平台。比如,城市公共安全智能视频监控服务平台,就是集安全防范技术、计算机应用技术、网络通信技术、视频传输技术、访问控制技术、云存储、云计算等高新技术为一体的庞大系统。公共安全智能视频监控服务平台包括传感器技术、无线图传技术、智能视频分析技术、信息智能发布及推送技术、中间件技术、数据库等核心技术。这个平台实现对已标识的视频数据自动分析、切换、判断、报警。在云计算平台上，建立服务模式和服务体系。

1.数据采集和反控

以环保平台为例来看云计算和物联网的结合，环保平台利用物联网等现代信息技术对污染严重的生态环境进行详查和动态监测，对森林资源、草地资源、生物多样性、水土流失、农业污染和工业及生活污染等及时做出监测和预警。在实际的日常环境监测中，通过布设物联网传感器使得环境信息化，能够建立起环境监测、污染源监控、生态保护和核安全与辐射环境安全等信息系统，有利于实时收集大量准确数据到云计算平台，进行定量和定性的分析，为环境管理工作提供科学决策支持。同时，物联网应用还可以突破环境管理的时间和地域限制，最大限度保障环境信息的客观性和真实性。例如，环保部门在重点排污监控企业排污口安装无线传感设备，不仅可以实时监测企业排污数据，而且可以远程关闭排污口，防止突发性环境污染事故发生。该系统利用GPRS无线传输通道，实时监控污染防治设施利监控装置的运行状态，自动记录废水、废气排放流量和排放总量等信息，当排污量接近核定排放量限值时，系统即自动报警提示，并自动触发短信提醒企业相关人员排放值数据并自动关闭排放阀门。同时，一旦发生外排量超标情况，系统立即向监控中心发出报警信号，提醒相关人员及时至现场处理。在系统运行中如遇停电，系统自备电源立即启动，维持系统十天以上的运行，确保已采集数据信息的安全完整。

2.云数据中心

数据管理是云数据中心的主要功能，也是一个平台的核心竞争力，比如亚马逊的产品数据库、eBay的产品数据库和销售商、Map Quest的地图数据库、Napster的分布式歌曲库等，在互联网时代，对数据的掌控导致了对市场的控制，从而为该企业带来了巨大的经济回报。在亚马逊上，有书的详细数据,如封面图片、书目录、书索引和若干页样本。更重要的是用户来评价书本。甚至可以想象,在几十年之后,可能是亚马逊而不是Bowker成为图书文献信息的主要来源,成为一个学者、图书管理员和消费者的参考书目来源。亚马逊还引入了其专有的标识符(即ASIN),该标识符在ISBN存在时与之对应,而当产品不带有ISBN时,就创建出一个等价的命名空间。

3.云服务中心

如果是一个行业的云计算平台,那么服务中心提供该行业的完整服务;如果是一个政府的公共云计算平台,那么服务中心提供综合服务平台,如电子政务等。云服务中心为最终用户和行业软硬件开发者提供云服务。这包括提供通用的信息服务和资源,提供行业专用资源和软件,使得行业用户和开发者能够各取所需,提高整个信息处理效率。

云服务中心应该采用面向服务的体系架构(service oriented architecture,SOA)。SOA是软件设计、开发和实施方式的一个巨大的变革。既然云计算的目的就是提供软件服务,那么怎么设计和实施软件服务就是关键。SOA是我们设计和实施云服务的最有效的方法。企业的业务处理往往比较复杂,SOA就是打破这个复杂性。另外,软件体系结构发展的核心在三个方面:软件的组件化、如何分割组件和组件的抽象化(即越接近人类的思维越好)。在SOA上,各个独立的"服务"组合成子系统,从而提供了随需应变的服务所需要的动态机制和灵活性。

SOA是一种高层的架构模型,是一种软件设计方法。它将一个企业或者行业的所有业务操作切分为多个服务。随着业务需求的改变,这些服务能够被重新组合,然后应用于各种业务流程中。从用户的角度来看,SOA保证了业务的灵活性,从而使其IT软件系统能快速适应企业/行业的业务变化。从某种意义上说,SOA帮助我们构建了一个IT架构,该架构可以适用于将来未知的业务需求。SOA是一套构建软件系统的准则。通过这套准则,我们可以把一个复杂的软件系统划分为多个子系统(业务流程)的集合,这些子系统之间应该保持相互独立,并与整个系统保持一致。而且每一个子系统还可以继续细分下去,从而构成一个复杂

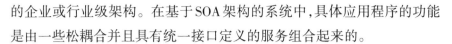

的企业或行业级架构。在基于SOA架构的系统中,具体应用程序的功能是由一些松耦合并且具有统一接口定义的服务组合起来的。

4.企业2.0(Enterprise 2.0)

近年来,有人提出了Enterprise 2.0的概念。企业2.0就是创新2.0时代的企业形态,通过以移动技术为代表的云计算、物联网等新一代信息技术工具和SNS、社交媒体为代表的社会工具应用,实现用户创新、大众创新、开放创新、协同创新,完成企业形态从生产范式向服务范式的转变。企业2.0将社交网站和传统企业系统结合,强调企业业务的"连接与协作"。从技术上说,企业2.0就是将Web 2.0、SOA和云计算结合在一起,方便信息的交换,从而使得分布在不同地方的客户和合作伙伴协调工作。企业的整个业务不再是IT驱动的业务,而是客户驱动的业务。它帮助企业的管理者通过云计算平台迅速、准确地获得业务数据。同企业2.0相关的Web 2.0核心理念就是"互联网作为平台"。Web 2.0强调用户在互联网平台上的参与和信息的增值,强调"用户增加价值"。符合Web 2.0的服务(应用系统)具有以下特征:

(1)软件变成一个持续更新的服务,随着越来越多的用户使用,这个软件服务也逐渐被更新。另外,软件越容易使用,就越能提供更多的价值。

(2)服务所设计的数据来自多个方面。用户也成为信息的提供者和控制者。这是一个多向的数据交流,参加的用户都能获益。比如,在YouTube上,用户上载了自己的视频内容,其他用户都可以欣赏;在亚马逊上,用户发布了所购买产品的评论,其他用户都可以参考这些评论来决定是否购买;在Wikipedia上,用户提供了相关内容的解释,其他用户获取乃至修正某些解释;在博客上,用户提供了自己的日记信息,其他用户可以阅读和欣赏文章等。

(3)通过数据的整合,变成一个多对多的关联,而不是过去的一对多的联系;变成了凝聚大多数人的智慧,而不是一个单一的业务处理。通过同客户一起创造价值来达到双赢的目的。

运营必须成为一种核心竞争力,Google或者Facebook在产品开发方面的专门技术,必须同日常运营方面的专门技术相匹配。从软件作为商品到软件作为服务的变化是一个极大的变化,以至于软件必须每日加以维护,否则将不能完成任务。利润,Google必须持续抓取互联网并更新其索引,持续滤掉链接垃圾和其他影响其搜索结果的东西,持续并且动态地响应数千万用户的异步查询,并同步地将这些查询同上下文相关的广告匹配。而用户必须被作为共同的开发者来对待。需要实时地汇总用户行为,来检查哪些新特性被使用了以及如何被使用的。这是企业2.0背景下企业必须具有的核心竞争力。

5.Mashup

假设我们已经有了很多云服务,那么,就需要一个工具和标准将这些服务组合起来。"Mashup"就是被用来快速地组合服务成一个业务系统。比如,将Google或其他提供商的地图服务,集成到房地产销售的网站上,从而,对某些房子感兴趣的人就可以看到该房子的实际位置和周边环境。①

第二节 物联网中的云计算平台应用

一、物联网中的云计算平台应用总结构——以环保云平台为例

环保云平台在感知、传输、应用三个层面进行信息化建设,并以数据源管理、数据中心建设和服务中心为主进行构建。其中最底层由在线检测仪表和传感器组成的数据采集端,分为废水感知网络、废气感知网络、治理设施感知网络和设施运用感知网络,中层为数据传输为主的网络传输层,上层为云计算平台,为整个系统提供云数据中心和云服务中心。感知层通过在目标域布置大量的采集节点,对水、大气、固体废物、危险废物、医疗废物、放射源等环保检测对象的信息进行感知,从而全面及时地采集到需要的数据;传输层通过有线、无线、卫星等多种网络把采集到

①侯莉莎.云计算与物联网技术[M].成都:电子科技大学出版社,2017.

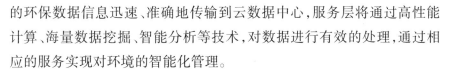

的环保数据信息迅速、准确地传输到云数据中心,服务层将通过高性能计算、海量数据挖掘、智能分析等技术,对数据进行有效的处理,通过相应的服务实现对环境的智能化管理。

1.感知互动层(监控设备层)

感知互动层即现场监控端,由一系列传感设备和仪表构成,具备污染源与环境质量监测数据采集、遥感(RS)信息生成、现场视频信息采集、环境温湿度感知、治污设施开关量和模拟景感知、现场设备维护管理身份识别与记录、仪器自我诊断与远程反控、危险源(危废)与放射源射频身份识别(RFID)与定位(GPS)等功能。通过这些感知设备,对水、大气、噪声、土壤、危险废弃物等环保监测对象的状态、参数及位置等信息进行多维感知和数据采集。

2.网络传输层

建设集体传感网络、有线网络、无线网络、卫星网络等多种网络形态于一体的高速、无缝、可靠的数据传输网络,能灵活快速地将数据传递到云计算中心,实现更加全面的互通互联。

3.云计算平台

云计算平台是数据存储、分析与服务平台,云平台层分为数据中心和服务中心。数据中心是将所有基础环境信息和监控监测信息实现数据存储、分析、整合和共享;服务中心包括监控篇平台与数据应用,实现资源共享及按需服务。

(1)数据中心。由于环保数据的结构复杂,类型繁多,所以,环保数据和存储管理一体化是平台的一个关键点,是决定系统综合效能发挥的重要因素。比如基于云计算技术构架了环保云数据中心。在云数据中心上,统一管理如下环保数据:①基础性数据。环境基本情况信息,主要包括监测点名称、地址、位置、类型等,具体包括:一是历史数据,包括各监控中心前期收集的监测污染物数据。二是实时数据,实时数据是自动监控设备瞬时采集的现场数据;②统计分析数据。针对上面几类数据的汇总和分析后所得到的数据;③视频监控数据。各个监控点摄像头采集的视频监控信息;④办公数据。日常办公的文档、表格等文件。

环保数据类型多样,如结构化数据(数值)、图像、视频、声音、地图等。环保云数据中心的一大特色是基于数据模型来管理和操纵环保数据。每类数据都有自己的模型,数据模型是访问数据中心的标准接口,数据挖掘、并行计算、可视化和视频搜索等服务都是以数据模型为接口来访问环保数据。这就实现了数据的统一维护和查询。基于数据模型,异种异构的环保数据可以在各个平台上交互和存储,从而为建立一个基于云计算的完整的环保行业海量数据中心奠定了基础。另外,为气象、水文、民政、政府规划、财政、地税、国税、经贸、工商、社会经济、金融等方面与环保行业有交集的数据平台建立了数据交换标准,便于环保部门与其他政府部门、社会公益团体、企业以及民众进行不同种类和不同优先级的数据交互以及共享。

数据中心上的数据模型,就是通用、高效、易于扩展的环保信息数据格式和语义描述标准,为环保信息的交换、分发和共享提供统一的数据规范,以支持不同应用厂商在数据存储、交换和共享方面的技术需求。除了给环保数据定义模型之外,环保云平台定义环保信息采集规则和环保信息服务的规范流程,为现有系统与环保云平台之间的连接协作提供标准规范;数据中心上的数据模型是一个可动态调整和扩展的数据模型,为适应未来环保数据的更改提供了可靠的基础。云数据中心还提供了自动多维归类的功能,实现数据的即时整合,避免了数据重复存储,保持各服务数据的一致。这个功能实现了对个局数据进行灵活的多维分析和多样式展示,为管理层监控和决策提供有效支持。

(2)云存储中心。由于环保数据种类繁多,每天要采集的数据巨大,我们需要考虑存储的一体化,并考虑新业务加入后所需要的存储。在设计存储系统时,我们需要考虑不同业务数据及支撑系统(如GIS)对存储容量和性能的需求,环保云平台的云存储中心提供了如下功能:①使用hadoop的HDFS实现了分布式文件系统,即分布式存储;②通过创建虚拟设备和虚拟容器来统一各类存储设备和文件系统的接口,从而实现存储空间的统一管理、数据并行访问、数据分类存储,并保证性能和空间动态扩展。虚拟设备和虚拟容器对各种业务服务提供统一的访问接口,业务应用无须了解物理存储的具体信息。查询、统计分析、信息上报或发布等多种服务,都通过同一个接口访问存储系统上的数据,便于各种服务对数据的共享;③虚拟容器支持海量存储设备。在云平台上,光纤磁盘阵列、SCSI 磁盘阵列等设备,都只是某一类虚拟容器,从而可以根据数据特点选择不同性能和容量的设备:有些存放在大容量、高带宽的设备上,而有些存放在廉价的存储设备上;③通过虚拟设备和虚拟容器,平台可以把一个物理存储设备空间划分成多个虚拟设备,从而为多个环保单位有效利用同一批物理设备提供了捷径;④虚拟设备分为备份设备、删除设备、复制设备、归档设备和正常设备。备份数据存储在备份设备上,删除数据被转移到删除设备上。这些都有利于数据的迁移和备份。另外,这种存储系统的分类设计,也是考虑了不同种类的数据在不同阶段的价值以及对存储系统的需求。分类存储的思想充分提高存储系统的性价比,例如,只把价值特别高的或者访问非常频繁的数据放到价格昂贵的高性能存储设备上。

(3)服务中心。云服务中心就是对大量实时和历史数据的高性能计算和数据挖掘,准确判断环境状况和变化趋势,对环保危急事件进行预警、态势分析、应急联动等任务。云服务中心集成了报表和数据分析、辅助决策等服务,能有效地为环保局宏观决策提供翔实数据和可靠分析。

服务中心是环保综合管理服务平台,可分为以下几个中心:监测预警服务中心、污染源监控服务中心、应急指挥服务中心、电子政务办公中心、移动服务中心和运营中心。服务中心采用面向服务的架构(service oriented architecture,SOA)。通过服务之间的消息路由、请求行和服务之间的传输协议转换(SOAP、JMS 等)、请求者和服务之间的消息格式转换,从而安全、可靠地交互处理来自不同业务的事件,并访问那些互相独立、互不兼容的、复杂的源数据系统。SOA 也保证了服务功能的透明性和服务位置的透明性。

一个服务是由多个步骤完成的,所以,服务其实就是处理流程,包含一系列处理步骤。这个处理流程可以是自动的,也可以是包含人工干预的处理流程。各个处理步骤处理着数据中心上的数据,并可能生成新数据(如报表服务生成报表)。每个处理步骤既可以是调用处理工具,也可以调用其他环保企业的处理工具。服务中心记录着处理流程的开始时间和结束时间,从而记录整个服务的生命周期。服务中心的流程引擎支撑这些流程的运转和管理。

(4)物联网与数据源管理器。环保云平台是一个由很多设备组成的环保设备物联网络,它的感知(传感)层是建立在多个厂商设备之上。为了便于环保云平台统一管理这些设备,就需要标准化设备管理接口,这就是数据源管理器所要完成的功能之一。从而,我们通过视频监控、遥感和传感器等前端感知设备采集数据到云计算数据中心。另外,环保云平台还需要考虑同现有应用的数据整合和交换,这也是通过数据源管理器完成的。

数据源管理器是数据中心与各个监控设备和现有系统的接口。设备上所提供的数据是编码的数据,并不符合数据中心上的数据模型。数据源管理器就是完成数据包解码,并按照数据模型存放到数据中心上。设备上的数据包编码的分类与取值是否科学和合理直接关系到信息处理、检索和传输的自动化水平与效率,信息编码是否规范和标准影响和决定了信息的交流与共享等性能。编码需遵循国际标准、国家标准和行业标准。只有当信息分类编码标准和统一,各信息系统才能有效地集成和共享。数据源管理器就是架起两者的桥梁。数据校验是保证数据一致性、完整性的必要手段。它贯穿整个平台,对进入数据中心的所有信息进行严格的审核,如果不符合要求或无法判定时,均过滤出去,保证数据的安全;通过一定的验证规则,数据源管理器对数据进行验证,验证规则可以根据需要自定义。

物联网是把任何物体与互联网相连接,进行信息交换和通信,以实现对物体的智能化识别、定位、跟踪、监控和管理的一种网络。在环保云平台上,在线监测设备的远程反控可实现对监测设备的控制,并可远程设置和修改参数:①当需要远程控制在线测试设备时,通过环保云提供的操作界面进行操作,有操作权限的用户选取所需要控制的站点和设备,并且指明需要进行何种操作,从而对站点的在线监测设备进行远程控制;②如果因为通信故障和设备损坏的原因导致控制命令无法正确传达,系统将会产生一个错误信息告知操作人员,同时该次远程控制操作将会被系统放弃。

(5)门户中心。门户中心为环保云平台的各类用户提供个性化的界面和服务。例如环保云办公中心就是属于云计算下台的门户中心,环保局和环保企业等各类用户在办公中心上使用授权云服务。

4.与传统应用的区别

云计算的目标是改变过去所采用的各业务系统的数据分别设计、自建自用的模式,坚持"统一设计,集中管理,统一访问,兼顾已有与扩展"的原则,构建云数据中心,实现"一数一源、一源多用、全面共享",为上层应用整合和流程优化奠定基础。云平台细分为数据中心与服务中心,将所有环保信息按照面向对象的方式进行管理,基于数据模型实现数据扩展和数据关联,提供数据中心标准接口,完成数据统一维护和查询功能,并为数据挖掘、并行计算、可视化和视频搜索等服务提供接口。

5.分布式配置和平台内外网

云平台可以被安装在省、市县等多个层面上。每个云平台都有一个唯一的节点号码,并提供了节点之间的数据交换和同步,而按照访问范围,云平台可以划分为私有云(内网)和公有云(外网)。[①]

二、基于物联网的数据源控制器

在监测设备到数据源管理器之间的网络传输系统采用了传感器网络、无线网络、有线网络、卫星网络等多种网络组合的形式,将感知数据传输至云平台的数据源管理器。另外,云平台还需要考虑同现有应用的数据整合和交换,这也是通过数据源管理器完成的。在物联网部分,数据源控制器完成三个主要任务:采集数据、同现有系统的服务集成(通过数据源控制器触发现有系统上的某个操作)、反控设备。

1.多节点异构采集

在数据采集部分,采用多节点异构采集、多设备自治组网、多信号协同处理的方法,对水体水源、大气、噪声、污染源、放射源、固体废弃物等

---

①杨众杰.云计算与物联网[M].北京:中国纺织出版社,2018.

重点环保监测对象的状态、参数及位置等信息进行实时采集。数据库源管理器提供,个与各个数据源转换的接口,映射为平台上的数据类型,提高系统的灵活性。

在数据采集部分,数据源管理器主要完成下面两个任务:①数据获取与处理。获取设备的监控数据,对获取的数据进行处理,其中包括对数据的纠正(如图像数据的辐射纠正和融合等);②提取信息。对处理后的数据进行信息提取,这些信息包括设备参数信息、环境质量状况现状与动态变化信息、污染特征信息、水质状况信息等。这些信息被转化为被定义的格式,进入数据中心,最后由服务中心完成数据处理和分析。

2.同现有系统的集成

环保行业中各部门的软件系统都有所不同,各部门根据各自或某一特定业务编制相应的软件。这些系统的工作平台、开发工具、后台数据库不尽相同,使得各部门的系统彼此之间的交互共享性较差。另外,大量的环保数据存在于信息孤岛上,只停留在查询检索和统计功能上,并不能很好用于数据分析和决策帮助。数据源管理器对各类现有的监管系统整合,形成物联网管理虚拟终端。数据源控制器实现与现有系统的无缝连接,主要包括以下几点。

(1)数据的无缝连接。充分利用数据源控制器的属性映射功能,把现有监测系统平台的数据结构映射为数据中心上的数据结构,从而让云计算平台的数据中心获得现有系统上的数据。

(2)操作的无缝连接。把现有系统的一个功能注册为数据源控制器上的一个操作,云平台通过调用这些操作来完成在现有系统上的功能。数据源控制器支持现有系统的运行环境并可与其兼容。

3.物联和反控

我们有时需要报警信号与视频录像联动,有时报警信号与控制输出联动,这些都可以通过物联来完成。物联网是包含监测子网在内的一个虚拟网络。监测子网主要包括以下功能:①监测仪与通信终端之间通过事先约定好的通信接口协议,将监控数据传给通信终端;②GPRS通信终端通过RS232端口与通信终端相连,通过TD/CDMA/GPRS网络传输至数据中心;③服务中心下发的控制命令通过通信终端发送给监测仪,监测仪收到命令后做出相应动作。

在环保云平台中,应用物联网传感技术,全面感知水源地、地表水、大气、噪声等环境质量状况,充分发挥已建设和即将建设的水、气、声环境质量自动监测站点的作用,将环境质量站作为物联网的前端数据感知设备,实现环境质量监测的全面物联;建立对环境质量包括空气质量监测,饮用地表水监测,噪声自动监测等各方面的在线监测系统,通过无线传输实现对环境质量的在线自动监测和数据传输(到数据中心),为决策提供科学依据;在服务中心上,对自动监测数据进行统计分析,产生报警信息,提高环保局对于环境质量的监控管理能力,提高物联网对环境的感知能力。

三、数据中心

要建立一个好的环保行业数据中心,首先要区分下面几个基本概念:①数据模型。某一类数据的模型,如污水监测数据模型;②业务模型。某一个业务流程,如预警流程;③各类数据。在一个数据模型上的具体数据,如污水监测数据。

在管理数据时,我们首先在数据中心上定义数据模型,然后,就可以通过数据源管理器采集基于这个模型的数据了。数据到达数据中心后,数据中心上的自动归类和自动工作流等功能就能够自动管理这些数据了。

有些环保系统的数据模型是固定在应用程序中,那么,对于任何新增的环保数据类型,这些环保系统就需要进行二次开发。比如,当我们将固废、机动车尾气、核与辐射的监管纳入污染源监管系统,在云平台上只需要定义三个新数据模型、定义针对这三类数据的数据源管理器即可。而对于其他软件,他们就需要创建新的数据库表,开发新的应用代码和测试新代等。

通过分割数据模型和数据,从而保证了平台的灵活性和可扩容性,就能够平滑实现前端监控点扩容、中心扩容和分控台扩容,并且可以充分利用前期资源,降低扩容投入成本,系统的扩充仅需在前端增加网络摄像机或在监控中心增加电脑设备而无须任何复杂的过程,真正实现高度的可扩容性和灵活性。

在数据中心上,存放着四大类数据,分别是各个数据模型、业务数据(监测数据、统计分析数据、工作流数据)、配置数据和空间地理信息,并通过数据模型建立统一的访问机制,服务系统通过数据模型访问各个业务数据,建立适应动态变化的数据集成框架,为上层服务提供稳定的数据服务。

数据模型。在符合国家环保行业业务数据标准的前提下,以数据模型的方式,建立数据模型库。每个数据模型都包含有属性、访问控制列表、监控设置、自动归类设置、归档时间等。有些模型描述监测数据,如污染数据模型、环境质量数据模型等;有些模型描述了服务接口,有些模型描述了业务流程上的规则和各个步骤;空间数据模型描述空间数据。数据模型为数据源管理器和服务中心提供一致和全面的数据资源。

在数据中心上,除了提供环保数据的模型之外,还有各个业务流程的定义(管理员也可以定义新的业务流程)。通过对业务处理的实时监控,系统准确、完整地保留业务处理过程,我们称为生命周期数据。基于业务处理数据,管理部门也可以将任务管理和绩效考核纳入业务系统中,提高工作效率和政府部门的响应速度。

业务数据。业务数据包括:在线监测、监控、视频数据、监察管理数据、环境统计数据、监控信息、日常办公信息等动态数据。数据中心还管理诸如许可证、设备状态数据、行政处罚数据、环境信访数据、公共服务数据、从Web服务来的数据、消息队列数据、建设项目审批等数据。业务数据都符合它们各自的数据模型。数据中心按照数据模型所规定的格式,保存和管理环保数据。

配置数据。云平台上的所有配置信息,包括数据源驱动器配置、GIS配置、业务界面定制、服务配置数据、地区数据描述、平台描述数据等。

地理信息数据。主要以图层的形式存储所有空间信息,包括矢量和遥感信息,并以时间维为标签划分历史空间信息库。同时含有面向业务的空间信息图层库,为业务属性匹配空间位置形态信息,为系统提供直观的图形化的业务信息表现。空间数据模型充分考虑空间数据的数据格式以及地图比例尺、地图投影、地理坐标系统等地图特殊因素,还考虑了数据的冗余度、一致性和完整性等问题。在云数据中心上的空间数据采用分层和分幅存储和管理。

1.数据模型和自动归类

数据中心提供统一的数据模型和业务模型,主要通过建设基础数据标准,为应用及数据分析提供一致的数据基础标准,便于信息交换、共享及分析利用。具体来说包括:①环境数据标准化。通过建立标准数据模型,实时采集和交换各应用系统数据,建成统一的数据中心,实现数据的共享和信息的整合;②业务流程规范化。对环境管理中的审批、监督、执法、监测、处罚、信访等核心流程进行规范。另外,将分散在各个业务系统的流程通过梳理和再造,集成到一起,实现跨部门业务流转。

数据模型最终目标是环保应用领域的标准和规范。环保云上的数据模型关心两个方面:数据本身的描述与数据之间的关系。基于云计算的数据中心,首先是一个数据模型中心。有大气的数据模型,有污染源的数据模型,数据中心所体现的数据模型是对各环保数据进行一体化设计。通过提供环保数据的标准化模,并通过数据源驱动器的数据映射功能,从而使得各个现有系统的数据使用同一个语言说话,这就打破了现有系统之间的壁垒,再把现有系统从一个信息孤岛转变为一个大平台下的子系统,保证了环保信息的共享。

2.数据标准化

环保数据是有一定格式的、代表某些特殊意义的数据或数据集合。数据标准化、规范化是实现信息集成和共享的前提,在此基础上才谈得上信息的准确、完整和及时。只有实现数据的标准和统一,业务流程才能通畅流转;只有实现数据的有效积累,决策才会有据可循。数据标准化离不开业务模型的标准化、业务基础数据的标准化和文档的标准化,只有解决了这些方面的标准化,并实现信息资源的规范管理,才能从根本上消除各环保局各业务系统的"信息孤岛"。环保信息化的最大效益来自信息的最广共享、最快捷的流通和对信息进行深层次的挖掘。因此,如同将分散、孤立的各类信息变成网络化的信息资源,将众多"孤岛式"的信息系统进行整合,实现信息的快捷流通和共享,是环保云平台所解决的问题。

数据标准化体系的设计目标是规范、标准、可控、支持高效数据处理和深层数据分析的数据结构以及稳定、统一的数据应用体系及管理架构。数据模型就是一套合理和方便的共享接口标准及规范。在创建数据模型时,有国家标准的,采用国家标准的数据格式;没有国家标准的,应该分析企业数据类别,梳理业务流程,从中提取数据模型。后一种方式是一个渐进式标准化策略,首先建立平台上的数据标准化框架,确保数据标准化的实用性,防止数据标准化空洞或流于形式。配合试点子系统的运行,完成与试点子系统相关的业务数据以及部分管理数据的标准化工作,其后在遵循统一原则的前提下,各子系统项目分别完成相关的数据标准化工作,并将标准化成果纳入云数据中心上。为了支持这个渐进式标准化策略,云平台支持数据模型的动态更改。

3.数据库系统和内容管理系统

传统系统的设计,往往从逻辑数据库出发建立数据模型,并遵循关系数据库规范设计数据库结构,最终想要实现信息的全面性和数据的规范性。在这个模式中,数据模型包括两个层面:一是逻辑模型,也称概念模型,它是按照用户的观点对数据和信息进行建模,通常用一些实体和关系来表示,它不依赖于某一个DBMS支持的数据模型。二是物理模型,它是面向实际的数据库实现的,表现为数据结构(用于描述静态特性,如数据类型、关系等)、数据操作以及数据的约束条件。

传统的数据模型的建立步骤如下:从实际业务中抽取各类实体——定义各个实体自身的属性——定义各个实体之间关系,设计出实体—关系图(E-R图)——根据E-R图把逻辑模型转换为物理模型——物理模型数据结构的建立——物理模型数据操作的定义——物理模型的完整性定义和检查。上述的传统数据模型有两个致命的问题:不具有可扩展性。当企业需要对模型进行扩展来支持企业的可持续发展时,必然需要改动数据库结构,从而需要改动应用程序;环保数据包括大量非结构化数据,比如视频、音频、图片和曲线等。关系数据库的优势在于管理结构化数据,但不擅长于管理非结构化数据。当一个以关系数据库为核心的环保软件需要管理大量视频、地理信息图片等非结构化数据时,整个系统根本无法正常运行。

所以,云平台是基于内容管理器,而不是关系数据库的平台。云平台构架在内容管理器之上,而内容管理器是充分利用关系数据库和文件资源管理器的优势,把环保属性信息放在数据库中进行管理,而把大量的非结构数据交给文件系统来管理,并在属性信息和文件之间建立关联。

4.数据中心的应用实践——以某环保科技公司数据中心为例

现有的一些环保软件的业务功能与数据库结构关联紧密,由于环境数据经常变更,存变更后,软件的某些功能就不能再使用了,需要修改或重新开发,耗费大量的人力财力,而且这种软件的升级会随着数据结构的变迁永无止境,给系统开发和维护人员带来很大麻烦。因此,某环保科技公司使用数据模型,作为程序与数据中心之间的沟通桥梁。数据模型用来表示数据的格式和关系,另外,该环保科技公司环保云平台支持数据模型的动态变化。程序访问的是数据模型,也就不需要总是随着数据库结构的变化而变化。数据中心的建设就是为此目的而开展的。

在该环保云平台上,根据环保业务管理特点,对环保数据进行建模,制定数据标准(规范)、定义处理流程,从而为环保行业提供一个标准数据平台,充分满足历史数据、现在数据和未来数据的整合需要,逐步实现数据与业务的无关性。通过数据模型,该环保科技公司云数据中心可以将环保局各种业务数据和空间数据整合起来,实现数据的统一存储、备份和恢复、复制、数据迁移、归档、辅助决策分析、存储资源管理和服务级的数据管理,解决了环保局以前数据存储杂乱、数据冗余、数据管理工作繁复等问题,实现了在云计算平台上各主要业务系统(即云服务)的互联交换和资源共享。通过数据模型和数据收集工具形成环保数据共享数据库,从而实现业务系统之间的数据共享和数据交换,对外也可提供数据交换服务。环保云平台在数据中心上保存日常报表(基于报表模型),平台用户无须每次动态生成报表,从而减轻数据中心的处理压力。该环保科技公司环保云平台管理着如下数据：

（1）基础数据。基础数据是为了解决系统之间公共数据的共享。基础数据包含污染源基础信息。比如，根据编码规范对企业进行了统一的编码（QR码），形成了贯穿环保业务的企业编码。污染源信息主要包括企业编码、企业名称、法人代码等。除了监控企业信息，基础数据还包括各类环保企业信息，与固体废物和危险废物相关的危险废物经营许可证等。污染源管理数据也是属于基础数据的一部分。基础数据的管理者是数据中心主管部门。

（2）监测数据。监测数据包含针对水源地、地表水、大气环境、噪声、灰霾、噪声、固废/医废/危废、放射源与辐射、油烟、气（机动车尾气）等的监测数据。一个监控企业可能包含多类监测数据。比如针对排污数据，一个企业可能有多个排污口，并且有多个类型（如废水和废气排污口）。比如，以噪声监测数据为例来分析监测数据，对各个噪声功能区定期监测，实现噪声自动连续监测。通过环境噪声监测传感器实现交通噪声、工业噪声、建筑噪声和社会噪声等噪声信息的采集，形成噪声感知网络，并将超标噪声数据通过无线网络实时地传回中心。另外，服务中心还可以绘制噪声地图。通过噪声地图，执法部门不仅能了解到整个城市的声环境状况，而且还可以了解噪声排放的位置、超标噪声的具体数值和类型等，从而加强对噪声污染的监控和治理，并完成噪声环境评价。

（3）视频监控。对固体废物的收取、运输和处置的各个关键环节进行有效的实时的视频监控，以确保对固体废物全过程的可视化监控。治理设施监控也包含了视频监控。通过环境治理设施监控，各环境职能部门可随时、随地、随处对环境治理设施运行状况进行了解和监督，确保各环境治理设施的正常运转，避免无故停运现象。在环境设施需要改造、更新或者维修时，可以第一时间被环境职能部门了解。通过环境治理设施的监控，企业可对部分参数进行调整，提高环境污染发施的利用效率，为节能减排增加了空间。

（4）统计分析数据。平台提供了各类统计和分析数据，比如，统计废水和废气的排污情况的日/月/年统计报表、年度生态环境质量监测与评估报告、比对分析报告等。虽然数据统计和分析是由服务中心完成,但是,统计和分析所产生的报表都按照相应数据模型在数据中心存放。正是因为数据中心集中管理统计报表和分析报告,服务中心才可以把这些报表和报告放在一个或多个工作流上完成业务的审核等工作。统计报表分成自动生成的统计报表和即时查询所生成的报表。自动生成的报表有月统计报表、季度统计报表和年统计报表。

(5)政务数据。政务(业务)数据指各业务活动的事务处理的数据,主要包括企业申报信息和审批信息、行政审批信息、限期治理审批信息等。政务数据还包括公文流转、通知、公告等政务处理数据,还包括部门行政审批向公众公示的数据。

(6)环境空间数据。空间数据是指环保业务所需要的空间地理各类参照图层以及与业务相关的空间位置图层,通过将该图层连接业务数据,将属性直接表现在直观的二维地图中。

(7)环保行业知识库。在数据中心上,还有一个环保行业知识库,存放着环保行业的标准和规范,比如:①环保法律法规库。环保法律法规数据库包括国家及各省环保行业法律法规及国家对环境事故处理的相关的法律法规;②环保标准管理。环保标准管理模块将国家对环境质量制定的相关标准进行整理,包括城市噪声、空气质量、室内环境、水质量的各种标准;③应急案例。将国内外已经发生并成功处置的各种环境突发应急事件事故进行整理,详细记录该事故的发生过程、应急监测、分析结果、污染途径、危害情况、处理措施等内容,为应急指挥人员提供应对各种突发环境事故的参考;④应急监测实用技术文档。将各种应急处置的分析技术、采样技术、分析案例、未知污染物监测处理技术进行整理,为应急指挥人员提供详细的技术支持。

四、服务中心

环保云平台集数据采集、传输、监控、数据统计、数据查询、趋势分析、决策支持、环境质量评价、污染预报、公共查询、数据上报和GIS等功能为一体,结合各个地区已建成或将要建成的实时监测网,通过长期、连续、实时的数据分析,判断该地区的污染现状、污染趋势,评价污染控制措施的有效程度,研究污染对人们健康及对其他环境的危害,并为制定空气质量标准,验证污染扩散模式以及进行污染预报,设计污染源的预警控制系统,制定经济有效的空气污染治理策略等提供依据。

环保云平台的服务中心首先为平台提供了一致的开发、设计、部署和运行环保服务框架。类似插件的方式,各个环保企业所开发的环保服务都可以在环保云平台上运行。无论是基于.NET的环保工具,还是基于Java的环保工具,环保云服务中心提供调用这些工具的接口,环保云平台管理员只需要设置这些工具的位置和所开发的工具即可(对于服务的创建、部署、服务目录的管理、服务的授权使用等)。

1.服务目录

服务中心是一系列环保服务的提供方。比如,监控子站采集各台仪器数据,通过有线或无线通信设备将数据传输到数据中心。在服务中心上的监控服务处理各子站状态信息及监测数据。另外,还有统计分析数据服务等其他服务。

2.在线监控服务

在监控服务中,定时弹出小时超标报警窗口,显示当前小时超标企业、超标数据和超标倍数等,也可以手工查询小时超标企业。监控服务具体分为以下几点。

(1)污染源监控服务。当污染源监测监控数据被采集到云计算平台上的数据中心之后,相应的污染源监控服务就开始监控。污染源实时数据监测对污染源监测数据进行实时监测,显示污染物浓度、流量实时曲线,实时表格,可单画面、多画面显示。可对多个监测点的数据进行对比检测。显示的界面集成GIS和实时数据。污染源总体监控信息以列表的形式显示所有监测点的通信状况、排放状况(正常、异常)、视频、基本信息、在线时间(当前、累积)、最新监测数据(数据超标变色)、污染源在线状况统计,按国控、省控、市控对污染源进行分类。

(2)治理设施过程监控。治理设施运行情况监测是通过实时采集和处理各种污染源在线监测仪表、治理设施和排污设备的关键参数,监测治理设施的运行状况和净化效果。

（3）噪声监控。在区域内的主要交通要道、学校、商业区和人口集中区域设置噪声自动监测和显示设备，对环境噪声进行7×24小时全天候实时舱测，并通过电子显示屏向社会发布监测结果。市民可以随时看到自己居住附近或者途径交通干道的噪声分贝，直观了解噪声污染情况：各个测点的监测数据实时地传到数据中心，环保局用户可以对分布在区域内的各测点的数据进行实时监测，及时、准确地掌握噪声现状，分析其变化趋势和规律，了解各类噪声源的污染程度和范围，为城市噪声管理、治理和科学研究提供系统的监测资料。

（4）危险废物安全监控。利用RFID技术可实现联单自动化处理。当危险废物运达处置单位时，RFID射频识别设备通过发射信号自动识别目标对象（贴有RFID标签的危废）并获取相关数据（RFID存储的联单信息）。在读取到电子联单信息后，通过固废危废管理服务自动写入危废的种类名称、数量、产废单位、运输单位、承运人、运输起始时间、到达处置单位时间，危废处理方式等信息，并发送到相关负责人处审批。运输监控管理服务主要结合运输车的GPS系统，对危废固废的运输路程和路线进行监控，确保危废固废运输安全。运输车辆路线与原定路线出现偏差以后，系统将产生报警信息。点击出现报警情况的运输车辆，可以查看报警的详细信息。

（5）辐射监控。辐射监测采集层对各种辐射源进行数据指标的采样与收集。采集接入的辐射源监测点包括：环境自动监测点、工业放射源、城市放射性废物库、辐射环境监测标准子站。传输层把监测数据上传到数据中心。辐射安全监管服务完成对辐射源数据的处理和分析。

（6）GPS监控服务。通过GPS，可以对收运车辆路线提供实时追踪服务。车载终端的GPS模块实时接收全球定位卫星的位置、时间等数据，一方面发送车内的监控系统，得到车辆的当前位置并且在电子地图上显示；另一方面，数据将通过GPRS终端模块发送到远程监控中心服务器，使得监控中心实时得到所有车辆的位置信息，给车辆的安全监控提供了基础。

（7）环境空气质量动态遥感监测服务。针对生态环境保护重点地区和敏感地区,包括自然保护区、重要生态功能区、生态建设区,实现生态环境遥感信息提取与监测,实现生态环境状况综合分析与评估;针对固体废弃物污染,提供对固体废弃物的识别、提取与分析功能,实现固体废弃物对周围生态环境的影响评价。针对矿产资源开发、道路工程建设以及区域开发项目对生态环境造成的破坏和影响,提取生态遥感指标,实现对大型工程区域开发项目建设前、项目建设中及项目完成后的遥感监测与评估。

(8)综合监控服务。比如,在大气监控中,环保云平台运用物联网技术建立全空间(高空、近地和地面)、全天候的三维大气监测体系,全面说清污染源状况及环境质量状况,全面跟踪工厂等主要污染源污染排放,及时掌握污染源状况以及实现污染源对污染浓度影响的技术分析,为大气污染应急提供决策手段,还可为大气污染防治措施、政策、标准等实施可能产生的效果进行科学评价,从而为大气环境管理提供科学决策能力。

3.在线设备管理服务

实时地监控系统的各个设备和系统点的使用情况,及时地获知设备和系统的故障点。对设备的联网率、设备运行时间、排放状况、点位个数进行实时统计,反映设备整体的运行状况。根据用户选择不同的排口,在界面上通过流程图和数据结合的方式显示出该测点设备在一天之中的运行时间、设备运行状况及实时数据。除了临控管理之外,还包括故障管理、性能管理、安全管理和基础维护管理。

4.统计分析服务

环保云平台上的统计服务能够灵活地按环境要素、业务功能需求分项统计各类报表内容,并对环境监测审核后的数据统计分析,生成Excel或PDF报表。还生成各类日、月、季和年报表。在统计过程中,必然有一些判断的标准。若一个废水企业有多个排污口,可计算这几个企业排污口的污染物的平均值,并判断平均值是否达标:若一个企业的多个排污口中有一个排污口超标,就判断该企业废水超标。若一个废气企业有多个排污口,计算这几个企业排污口的污染物的平均值,并判断平均值是否达标;在这多个排污口中只要一个排污口超标,就判断该企业废气超标。若一个企业既有废水排放口又有废气排污口,则按照上面的功能要求分别计算废水和废气的企业超标情况,并且如果废水和废气有一个排污口超标,则判断该企业超标。

环保云平台提供了多种分析服务,比如环境质量分析。环境质量分析是利用现有环境监测数据,结合环境评估模型对环境质量进行分析,环境质量包括水环境质量、空气质量、声环境质量、辐射环境等。环境质量分析需要对各项环境进行独立分析,获取区域的各类环境要素质量状况:

(1)水环境质量分析。利用各项监测数据实现对水环境质量进行分析,包括河流、湖泊、水库、饮用水源地等水环境质量的监测和环境质量变化情况之间的关系进行分析,对其做出定量描述。通过水环境质量评价,摸清区域水环境质量发展趋势及其变化规律,为区域环境系统的污染控制规划及区域环境系统工程方案的定制提供依据。水环境质量分析内容包括水环境质量现状评估。根据各项监测数据对水环境质量现状进行评价,计算各大水系流域的水质类别,并进行分布评估和分布对比,为环境质量的治理改善提供依据。

(2)空气质量分析。利用各项监测数据,分析区域内总体大气环境空气质量,以图和数据列表相结合的方式进行直观表达。可自动计算各区域的API指数,评估分析API指数与污染因子之间的关系。

5.查询服务

查询服务包括多个方面,查询结果可导出到Excel、PDF等格式的文档中。在Excel文件或者PDF文件中,导出的报表抬头显示企业或监测点名称。

6.视频服务

将现有重点环境与污染源视频监控系统软件整合投入环境安全防控系统。视频监控界面与污染源实时数据进行整合,在显示监测站点的视频图像时显示该站点的监测数据。视频监控对危险流动源的收取、运输和处理的各个关键环节进行有效的实时监控,以确保对危险流动源收运过程的可视化的监控。

7. 报警监控服务

（1）报警查询。按类型快速查询报警信息。报警类型分为超标报警、数采仪掉线报警，超标报警可联动查看报警的视频图像或抓图。报警内容包括污染源名称、监测点名称、报警值、标准值、流量值和报警描述。查询条件包括时间和流量，并可以导出报警信息。

（2）报警统计。统计一个企业或监测点一段时间内报警次数和报警持续时间，并对报警次数和时间进行排序。

（3）报警处理。用户针对某一条报警信息进行处理，并给出处置意见。

（4）报警设置。设置报警上下限，异常值上下限，数采仪掉线时间间隔报警设置。报警的数据类型可根据用户需求进行灵活设置，包括小时数据、分钟数据、实时数据、日数据。

（5）报警方式设置。设置报警方式（短信、邮件、网页弹窗提示、声音）、报警通知人、通知时间、是否启用报警。超标报警发给企业负责人，数采仪掉线报警发给运维单位相关人员。

（6）送达报告。查看报警短信的送达情况报告。

8. 预警服务

通过物联网相关的监测信息，结合水环境、大气环境模拟模型，进行水、大气环境污染事故的预警分析。在环保云平台上，按预警源分为自动监测预警服务和人工预警服务。自动监测预警主要是从测控体系的子系统提取预警事件进行处理。人工预警监测主要从若干人工预警监测站点获取预警信息。系统提供人工录入、统计和分析等功能。人工监测数据与自动监测数据一并进入预警系统。当与之有关的区域将要发生事故时，能提前发出预警，以便及时采取措施，防止事故的发生。按照预警对象，预警分为：①水源水质预警。采用连续测定的仪器进行检测，运用GIS平台进行数据处理预测预报，一旦发现水质问题，向相关部门发送预警报告及相关处理方案，使得污染水体能够及时得到解决；②空气质量预警。利用污染源在线监测和空气质量在线监测，结合空气质量模型进行空气质量预警，并向相关环境管理人员进行汇报。

按照服务的方式,预警服务分为:①预警发布。当系统受到紧急预警或重要预警,管理员可以手工发布到预先设定的管理人员,发布方式有短信、网站公告等;②预警更改与解除。管理人员确认预警后,可以更改预警或解除预警;③预警查询。提供预警浏览界面,显示预警来源、时间、预警级别、预警内容等。查询功能提供查询界面,可以根据预警来源、时间、级别等查询条件查询相应预警;④预警指标管理。提供预警指标库的维护,包括新增预警、修改、删除和预警下发;⑤预警分级核定。

9.应急服务

应急服务的最终目标是:构建环境质量预测及环境污染事故应急管理服务框架,加强环境污染应急处置及预案管理,提升应急反应和处置能力;对发生的环境事故,实现应急资源的调度和管理。应急服务包括突发事件应急处置指挥服务和环境安全应急指挥联动服务等。在环保云平台上,我们通过"事件"来管理突发事故。对整个事件从产生、应急到处置进行闭环管理。减少管理的盲目性,提高监管效率。事件管理服务主要有如下功能:事件分类管理、事件处理、事件分析、事件归档、事件浏览和事件管理。除了事件服务之外,还有如下服务:

(1)应急物资管理。针对可能出现的各种应急事故,对区域内各个地方存储应急物资如灭火器、盐酸、消防栓、防毒面具进行统一管理。该服务详细描述了物资的用途、数量、存储地、负责人及联系方式,当出现应急事故时,指挥人员能及时调动相应物资。

(2)专家库管理。专家库将专家按照专业、类别进行分类,并将该专家的单位、电话联系方式留档。当出现应急事故时,指挥人员能够在第一时间与专家进行联系,保证事故能够得到科学合理的处置。

(3)应急预案管理。应急预案分为环保局预案、检查预案、辐射预案、危管预案等。环保局预案可以分为总则、组织机构与职责、应急处置、应急保障、应急通信联络、应急终止。用户可以详细地查询各个步骤的详细内容:检查预案可以分为总则、分队编制和职责、各种保障、环境监察应急工作程序。用户可详细查询每个步骤的详细内容;辐射预案包括应急分队编制、应急启动、开进、现场器材开展与监测、应急措施。用户可以详细查询每个步骤的详细内容。

（4）应急档案管理。档案管理将整个环境突发事故从发生到应急监测、处置的全过程记录进数据中心。信息包括环境事故的类型、发生地、处理方法、所用处理物资、影响范围等。

（5）应急报告。根据事故现场提交的人工监测数据以及整个时间的处理过程，系统能够自动生成环境事故处理评估报告，报告既可以根据人工监测数据对事故进行定量分析，又可以根据事故的影响范围、影响人群以及相应的定量分析结果作出定性的分析。

（6）环境评估。损益评估利用环境突发事故模型，根据事故的类型、污染类型、事故持续的时间按照既定的模型对环境事故造成的损失进行初步评估。

10.移动应用

安装在业务人员的智能手机上的移动应用，访问环保云平台上的服务，查询各类数据（如污染源地图、环境质量信息、办公信息、法律法规），完成现场执法（执法后的信息立即保存到数据中心）、现场办公、稽查管理等多个业务操作，实现移动办公和监控。还有，智能手机上的GPS定位环保人员的当前位置和行进轨迹。当有突发环境或信访事件发生时，便于指挥中心对车辆和人员进行调度，及时对事件进行处置。

现场执法人员还可通过环保移动应用在对环境违法企业进行现场执法。比如，记录问讯笔录、取证（拍照、摄像、录音等）。以前需要手工填写问讯笔录，利用摄录设备取证，目前可以通过移动应用，利用智能手机完成笔录和取证工作，笔录和取正数据立即保存在数据中心，提高了工作效率。

环保移动应用还具有污染源现场核查的功能。以前，环境监察部门巡检需要准备并携带大量的表格、文书、参考资料，到现场边检查边填表，对有疑惑的问题要现场翻阅相关法律法规条文和文档资料。检查完毕返回后再根据现场填写表格和存档。通过环保移动应用，按照设定流程填写完检查单。此外，各类环保工作人员外出进行现场执法和检查或出差，其间可通过环保移动应用查询各类环境新闻，可查询环保部、省政

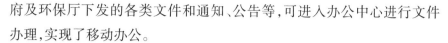

府及环保厅下发的各类文件和通知、公告等,可进入办公中心进行文件办理,实现了移动办公。

11.文档管理服务

文档管理服务的目的是实现对各类档案材料的电子化管理,通过对各种类型文件分类管理,便于在局域网或外网快速查阅各类资料,解决传统手工查找纸质档案文件费时费力的问题,电子档案管理服务极大提高监控工作效率。档案管理服务可以快速定位所需文件,记录用户访问及工作的历史信息,并实现对档案的录入和维护等功能。

五、平台控制中心

通过设备采集的数据经过传输层的传输,汇集到云计算平台的数据中心上。在服务中心上的各项业务(服务),实现对环境质量和污染源的实时和动态的监管,并在此基础上进行数据共享、报表、发布、预测、预报、预警、分析、挖掘及污染源控制等功能。控制中心是整个平台的控制平台,控制着数据源管理器、数据中心和服务中心。

1.数据模型管理

数据模型管理包括环保数据属性、环保数据模型、自动归类设置、版本设置、加密设置、数据模型之间的引用等创建、更新、查询和删除功能。云平台的数据中心是一个内容管理中心,不仅仅管理着属性数据(如监控企业名称、监控设备编号、监控参数值等),还管理着非结构化的数据,如视频本身。并且,把属性和非结构化数据(如视频)统一为一个逻辑数据(命名为"内容"),虽然在平台底层是分开存放的(属性数据在数据库里,非结构化数据在文件系统上)。无论是服务中心,还是数据源管理器,都是以数据模型作为参数,来访问数据中心,并从数据中心获得内容的。还有一点,环保原始数据是不允许修改的,环保云平台所提供的注解文件是用来保存在原始数据上的注解。

2.工作流管理

在环保云平台上,除了预先定义了的环保处理流程,管理员还可以创建多个环保工作流(包括工作点、工作区、选项等)。

3.多维归类

监控设备分为很多类：环境质量的监控设备、污染源的监控设备等。这些设备监测大气、机动车、水、噪声、核与辐射、固体废物、视频、RFID、GPS等。一个环保行业的数据可以归结到多个类下，如按照企业的分类，按照监测对象的分类，按照时间的分类，按照所在区域/流域的分类等。还有一点，在环保云平台上的数据多维归类，是基于内容指针完成的，所有数据都只保存在一个地方，数据的一致性和完整性有充分的保证。

4.存储设备管理

在云平台上，通过存储容器和存储设备两个虚拟对象来管理实际的物理设备，在控制中心上，管理员自定义一个或多个虚拟存储设备来包含不同的文件系统和不同的存储介质。

5.服务管理

在云平台上，服务有服务目录，支持服务的创建和部署等功能。对于门户服务，我们通过门户模型来完成。门户模型就是一个界面模型，包括：①菜单。菜单项、操作等；②界面元素（窗体、按钮、文本框）。位置、大小、操作等；③映射的数据模型；④功能处理。

第三节　物联网中的云计算平台管理

云计算平台包含来自一个企业内的不同部门的服务，还可能包含来自企业外的服务（如合作伙伴的服务）。如果没有恰当的控制，这种系统很容易失控。针对云计算的控制管理的目标是：使服务能够遵循相应的法律法规、行业标准和规则。云计算平台的管理包括服务的管理，安全性管理，系统软件和应用软件的测试、维护和升级。大多数管理工作同大型网站的管理类似。另外，云服务管理系统要具有以下功能：服务注册、服务的版本化、服务所有权、服务的访问等。这里先阐述了云计算平台在服务级别上的要求，然后重点讲述安全管理和测试。

一、云计算平台的要求

当云服务成为企业付费的产品时,对具体的性能或可用性的保证以及其他的服务质量的要求,都成为重要的部分。我们可以想象这将成为一个常见要求。一个常规的做法是,在软硬件平台上采用了负载均衡的设计,Web服务器、应用服务器和数据库服务器都采用了cluster结构,防止单点故障,同时保证了系统的横向扩展能力,很方便地增加应用的节点,也充分发挥了系统硬件的性能,将所有主机的CPU和内存充分利用起来。因为云计算是基于互联网的软件服务,所以,对于新构建的系统,满足服务级别需求也变得日益重要。服务级别需求主要分为以下几类:①性能是指系统提供的服务要满足一定的性能衡量标准,这些标准可能包括系统的响应时间以及处理交易量的能力等;②可升级性是指当系统负荷加大时,能够确保所需的服务质量,而不需要更改整个系统的架构;③可靠性是指确保各服务及其相关的所有交易的完整性和一致性的能力;④可用性是指一个系统应确保一项服务或者资源永远都可以被访问到;⑤可扩展性是指在不影响现有系统功能的基础上,为系统添加新的功能或修改现有功能的能力;⑥可维护性是指在不影响系统其他部分的情况下修正现有功能中问题或缺陷,并对整个系统进行维护的能力;⑦可管理性是指管理系统以确保系统的可升级性、可靠性、可用性、性能和安全性的能力;⑧安全性是指确保系统安全不会被危及的能力。

1.性能要求

通常可以根据每个用户访问的系统响应时间来衡量系统的整体性能;另外,我们也可以通过系统能够处理的交易量(每秒)来衡量系统的性能。对于传统的函数调用的方式,一个功能的完成往往需要通过客户端和服务器来回很多次的函数调用才能完成。在企业的内部系统下,这些调用给系统的响应速度和稳定性带来的影响都可以忽略不计;但是在Internet环境下,这些往往是决定整个系统是否能正常工作的一个关键决定因素。如果我们使用了很多Web Service来提供一个服务的话,这可能会很大地影响性能。因此在云计算平台上,推荐采用大数据量、低频率的访问模式,也就是以大数据量的方式一次性进行信息交换(即大服务的方式)。这样做可以在一定程度上提高系统的整体性能。

2.可升级性要求

可升级性是指当系统负荷加大时,仍能够确保所需的服务质量,而不需要更改整个系统的架构。当云计算平台上的负荷增大时,如果系统的响应时间仍能够在可接受的限度内,那么我们就可以认为这个系统是具有可升级性的。我们必须首先了解系统容量或系统的承受能力,也就是一个系统在保证正常运行的情况下,所能够处理的最大进程数量或所能支持的最大用户数量。如果系统已经不能在可接受时间范围内反应,那么这个系统已经到达了它的最大可升级状态。要想升级已达到最大负载能力的系统,我们必须增加新的硬件。新添加的硬件可以以垂直或水平的方式加入。垂直升级包括为现在的机器增加CPU、内存或硬盘。水平升级包括在环境中添置新的机器,从而增加系统的整体处理能力。云计算平台的系统架构必须能够支持硬件的垂直或者水平升级。基于SOA的系统架构可以很好地保证云计算平台的可升级性,这主要是因为系统中的功能模块已经被抽象成不同的服务,所有的硬件以及底层平台的信息都被屏蔽在服务之下,因此不管是对已有系统的水平升级还是垂直升级,都不会影响到云计算平台的整体架构。

3.可靠性要求

可靠性是指确保各服务及其相关的所有交易的完整性和一致性的能力。当云计算平台负荷增加时,它必须能够持续处理需求访问,并确保系统能够像负荷未增加以前一样正确地处理各个进程。可靠性可能会在一定程度上限制系统的可升级性。如果系统负荷增加时,不能维持它的可靠性,那么实际上这个系统也并不具备可升级性。因此,一个真正可升级的系统必须是可靠的系统。在基于SOA来构建云计算平台的系统架构时,可靠性也是必须要着重考虑的问题。要在基于SOA架构的系统中保证一定的系统可靠性,就必须要首先保证分布在系统中的不同服务的可靠性。而不同服务的可靠性一般可以由其部署的应用服务器或Web服务器来保证。只有确保在云计算平台上

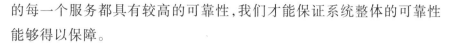

的每一个服务都具有较高的可靠性,我们才能保证系统整体的可靠性能够得以保障。

4.可用性要求

可用性是指一个系统应确保一项服务或者资源应该总是可以被访问到的。可靠性可以增加系统的整体可用性,但即使系统部件出错,有时却并不一定会影响系统的可用性。通过在环境中设置冗余组件和错误恢复机制,虽然一个单独的组件的错误会对系统的可靠性产生不良的影响,但由于系统冗余的存在,使得整个系统服务仍然可用。在基于SOA来构建云计算系统时,对于关键性的服务需要更多地考虑其可用性的需求。

5.可扩展性要求

可扩展性是指在不影响现有系统功能的基础上,为系统添加新的功能或修改现有功能的能力。当系统刚配置好的时候,自己很难衡量它的可扩展性,直到第一次必须去扩展系统已有功能的时候,自己才能真正去衡量和检测整个系统的可扩展性。我们在构建云计算系统时,为了确保架构设计的可扩展性,都应该考虑下面几个要素:低耦合、接口标准化以及封装。SOA就已经隐含地解决了这几个可扩展性方面的要素。这是因为SOA架构中的不同服务之间本身就保持了一种无依赖的低耦合关系;服务本身是通过统一的接口定义语言来描述具体的服务内容,并且很好地封装了底层的具体实现。在这里我们也可以从另一个方面看到基于SOA来构架云计算系统能为我们带来的好处。

6.可维护性要求

可维护性是指在不影响系统其他部分的情况下修改现有系统功能中问题或缺陷的能力。同系统的可扩展性相同,当系统刚被部署时,自己很难判断一个系统是否已经具备了很好的可维护性。当创建和设计云计算系统时,要想提高系统的可维护性,我们必须考虑下面几个要素:低耦合、模块化以及完备的文档。在前文的可扩展性中,我们已经提到了SOA架构能为云计算系统中公开出来的各个子功能模块(即服务)带来低耦合性和很好的模块化。关于完备的文档,除了底层子系统的相关文档外,云计算平台还会引用到许多平台外部的、由第三方提供的服务。因此,我们应该有专职的文档管理员来专门负责整个云计算系统所涉及的所有外部服务的相关文档的收集、归类和整理,这些相关的文档可能涉及第三方服务的接口(如 WSDL)、服务的质量和级别、性能测试结果等各种相关文档。基于这些文档,就可以为我们构建云计算平台提供很好的参考信息。

在可维护性方面,平台还需要提供多个级别的日志和统一的配置环境。高级别的日志方便用户和系统的开发人员交流并跟踪系统的运行,从而更快地优化和调试系统。任何一级的日志都记录系统碰到的错误。

7.可管理性要求

可管理性是指管理系统以确保整个系统的可升级性、可靠性、可用性、性能和安全性的能力。具有可管理性的系统,应监控系统的服务质量,通过改变系统的配置从而可以动态地改善服务质量,而不用改变整个系统的架构。一个好的云计算系统必须能够监控整个系统的运行情况并具备动态配置系统的功能。在构建云计算系统时,我们应该尽量考虑采用已有的成熟的底层系统框架。在业界,可以选择的底层系统框架有很多,可以选用企业服务总线(enterprise service bus)以支持云计算平台的 SOA 系统架构,也可以选用直接调用的方式。具体选择哪种底层框架来实施云计算系统要根据每个系统各自的特点来决定,但这些底层的框架都已经提供了较高的系统可管理性。

8.安全性要求

安全性是指确保系统安全不会被危及的能力。安全性是目前最困难的系统质量控制点。这是因为安全性不仅要求确保系统的保密和完整性,而且还要防止影响可用性的黑客攻击,如服务拒绝攻击。当我们在构建一个云计算平台时,应该把整体系统架构尽可能地分割成各个子功能模块,在将一些子功能模块公开为外部用户可见的服务的时候,要围绕各个子模块构建各自的安全区,这样更便于保证整体系统架构的安全。即使一个子模块受到了安全攻击,也可以保证其他模块相对安全。如果云计算平台中的一些服务是由 Web 服务来实现的,在考虑这些服务安全性的时候也要同时考虑效率的问题,因为 WS－Security 会影响 Web 服务的效率。

总之,我们不仅要负责端到端的服务请求者和提供者的设计,而且,要负责对系统中非功能性服务要求的确认和实现。云计算是基于 Internet 的软件服务,我们必须考虑在使用 Internet 时的安全性问题。Internet 协议并不是为可靠性(有保证的提交和提交的有序)而设计的,但是我们必须确保消息被提交并被处理一次。当这没有发生时,请求者必须知道请求并没有被处理。我们需要考虑所部署服务的质量、可靠性以及响应时间,以便确保它们在承诺的范围之内。①

二、需要云计算平台

充分考虑系统的集群技术和备份/恢复技术。云计算平台是一个共享的平台。有些客户担心自己的数据被竞争对手访问。所以,要求云计算平台有很强的验证和访问控制技术。一些云计算平台的提供商已经采取了措施。VeriSign 公司最近宣布,将为微软 Windows Azure 平台提供基于云计算的安全和认证服务。微软也采用 VeriSign 的 SSL 证书和代码签名证书,保护 Windows Azure 平台上所开发和部署的基于云计算的服务和应用。

1.SSL 和 VeriSign

VeriSign(威瑞信)的 SSL 证书能够确保企业用户在 Windows Azure 上所运行的应用程序拥有强大的 SSL 加密保护。威瑞信 SSL 同样保护用户、应用程序和服务器之间相互传送的数据,同时在用户和基于云计算的服务器之间提供关键认证。微软国家云计算项目总经理道格·豪格尔表示:VeriSign 为 Windows Azure 平台开发人员和终端用户提供一个安全有保障的环境。VeriSign 通过其 SSL 证书和代码签名证书提供久经考验的安全保护,帮助确保用户在 Windows Azure 平台能够拥有可值得信赖的体验。

SSL 使用基于密钥对的公钥加密技术。一个密钥对包含一个公钥和私钥。在使用 SSL 的服务器上,服务器将发送给客户端的数据用一个私钥加密,客户端则使用服务器的公钥来解密这个加密的数据。客户端是

---

①杨正洪,周发武.云计算和物联网[M].北京:清华大学出版社,2011.

想要获得服务器的公钥,就必须在客户端同服务器通信之前,服务器给客户端发送一个数字证书。该证书里面包含了公钥。

2.角色、用户、用户组、权限、访问控制表

角色是一个逻辑概念。不是物理的用户或用户组。比如说,某网站的财经编辑是一个角色。这个角色具有一定的权限(比如修改财经报道的权限)。用户 A 和用户 B 都可以被云计算安全管理,由于云计算平台具有灵活性、动态性,并且能够从互联网上随处接入的特点,因此要可靠地保护云计算的安全。每个企业都希望自己的核心业务和数据安全可靠,这并不等同于"各个企业要拥有自己的硬件和软件系统"。既然云计算平台上的硬件和软件系统是为多个企业所共用的,那么,云计算的安全管理就尤其重要。这是一些云计算客户对安全性的一些忧虑:①他们的数据放在一个不是他们所管理和控制的系统上。这就需要云计算平台的提供者提供比较透明的高安全措施,以消除客户在这方面的忧虑;②运行在互联网上的系统是否具有高可靠性。一旦系统宕机,怎么尽快恢复服务。这就赋予这个角色,从而具有编辑的权限。用户组是一组用,也可以被赋予某一个角色。从而,一组用户都具有这个角色的权限。在 J2EE 平台上,角色是通过 annotation 或者部署描述文件来定义的。

用户既可以是操作系统或者 LDAP 服务器上的用户,也可以是 Web 应用服务器上的用户。开发人员也可以在数据库中管理用户账号信息。一个用户通常具有用户名和密码。另外,用户也属于一个或多个组。在 Web 应用服务器上可以配置安全性,比如,让 Web 应用服务器同操作系统集成,从而使访问 Web 应用的用户都来自操作系统。

有时,我们还可以使用访问控制列表。既然是一个列表,当然可以有多行。每行至少有两列,一列是用户或用户组;另一列是角色。通过访问控制列表,指定了哪些用户或那组具有哪些角色。

很多 Web 应用服务器都提供了创建和管理用户和用户组的功能(要么自己提供,要么同 LDAP 服务器集成来提供)。所以,云计算平台可以把用户和用户组管理交给 Web 应用服务器。然后,在程序中(如 EJB 类、

Servlet类)上指定哪些角色可以使用该类或类上的方法;接着,在部署描述文件中,指定角色和组的映射(即该组被授予哪个角色);最后部署到Web应用服务器上,这就完成了安全配置。当一个用户登录时,用户名和密码的验证在Web应用服务器上完成。当该用户访问某个资源(如某个Servlet)时,通过该用户所分配的角色来判断是否有访问的权限。

3.J2EE的安全性

在J2EE上,用户可以选择下述的方法来实现安全性管理:①声明式安全性。在部署描述文件中声明组件的安全设置,如角色、访问控制等。声明式安全性是三种方法中最灵活的;②编程式安全性。在程序中进行安全管理;③注释(annotation)。使用注释在某个类文件中指定安全性。如在某一个servlet类前面加上@DeclareRoles("employee"),来表明只有employee角色的用户或组才可以使用。

一般采用的安全管理模式:①用户输入用户名和密码;②Web服务器验证用户名和密码。在Web服务器上,可能是应用程序自己验证用户名和密码(它们在数据库里保存),也可能是底层的操作系统或LDAP服务器来验证。通过验证后,Web服务器上存放一个凭证;③用户访问Web服务器的资源时,Web服务器就可以根据这个凭证来查看该用户是否具有访问特定资源的权限(即访问控制)。这个权限管理可能在程序里,也有可能读取部署描述符来确定。如果是授权用户,那么用户就可以访问所请求的资源,比如输入订单的JSP页面;④当用户输入相关信息(如订单信息)后,JSP需要调用后面的服务层组件。如果使用EJB实现的服务组件,那么,EJB容器需要检查该用户是否有权限使用EJB。这需要关联两个容器之间的安全性。

另外,云计算平台需要提供监控和审核机制,各层的安全管理如下:

(1)客户层和Web层之间。在客户层和Web层之间,首先是数据传输的安全性。解决方案是使用安全套接字层(secure sockets layer,SSL)和HTTPS。SSL保证了浏览器和Web服务器之间的加密传输。云计算平台需要一个数字证书和密钥存储文件。当用户访问云计算平台时,该证书发给浏览器,从而证明云计算平台的身份(数字证书有居民身份证的作用）。在两者之间传输的加密数据不能由第三方解密，从而保证了数据的安全性。

HTTPS 是使用 SSL 的 HTTP。因为 SSL 需要加密和解密数据，所以 HTTPS（使用 SSL 的 http）本身有负载。在云计算平台，并不是所有的页面都需要使用 HTTPS。登录等重要的页面使用 HTTPS，而一些公开的页面（如云计算平台介绍页面）就不需要使用 HTTPS 了。

证书分成两类。一类是由一个证书授权机构（CA）发布，如 VeriSign，这类证书需要付费；另一类是自签署的证书，自签署的证书虽然不能证明自己的身份，但是可以被用来完成数据加密的功能。

（2）Web 层。在 Web 应用服务器上，可以创建用户和组。然后，在部署描述文件（如 web.xml）中，我们指定哪些角色可以访问哪些 URL，哪些组和用户属于哪些角色。不同的用户属于不同的角色，就可以获得不同的权限。比如，中网云计算平台在 web.xml 中指定批发商角色、厂商角色、零售店角色。在 web.xml 中，批发商角色被授予访问所有/wholesaler/*的 URL，厂商角色被授予访问/manufacture/*的 URL，零售店被授予访问/retailer/*的 URL。另外，上面的 URL 也被指定必须使用 SSL（即 HTTPS）。

我们也可以在 Servlet 等程序上使用 annotation 来指定哪些角色可以使用这个类或类中的方法。在 Servlet 和 JSP 中，开发人员可以使用 Http Servlet Request 接口所提供的方法来获取用户信息，判断用户是否具有某个特定角色等。另外，在 Web 层上可以部署防火墙。

（3）服务层。如果用户使用 EJB 实现了服务层，那么，EJB 也支持 annotation 的方式来声明安全性角色。比如，用户可以在某个 EJB 类（或类 1+1 的方法）上使用 annotation 来声明哪些角色可以使用该 EJB 类（或类上的方法）。用户也可以在某个 EJB 类的方法上使用 annotation 之类来声明哪些角色可以使用该 EJB 类上的方法。

同 Web 层类似，用户也可以在 EJB 部署描述文件中声明哪些角色可以使用哪些 EJB。也可以细化到方法，即在方法上指定角色。在部署描述文件中的 security – role – mapping 上可以声明访问控制列表（用户/组同角色的映射）。另外，我们一般使用 Web 应用服务器上的连接池来实现

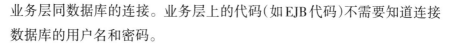

业务层同数据库的连接。业务层上的代码(如EJB代码)不需要知道连接数据库的用户名和密码。

4.登录验证

在部署描述文件中,可以指定登录设置,分为如下两种方式:

(1)基本认证(BASIC)。当客户端请求一个受保护的资源时,Web服务器首先返回一个标准的登录对话框给客户端。客户端提交用户名和密码,然后Web服务器验证用户名和密码。只有验证成功后,服务器才返回客户端所请求的资源。

(2)基于窗体(FORM)。在这个模式下,开发人员可以开发一个自己的登录页面。当客户端请求一个受保护的资源时,Web服务器重定向到那个登录页面(假设尚未登录)。客户端在登录页面上提交用户名和密码,然后Web服务器验证用户名和密码。在验证成功后,服务器才返回客户端所请求的资源。否则,就返回一个错误页面。

需要注意的是,以上两种方式都是使用明文传递用户名和密码。对于关键应用,我们建议使用SSL。另外,除了上述的认证方式外,还有HTTPS客户端认证等方式。

5.Web服务安全性(WS-Security)

这是一个传输层上的安全性保证,是在点和点之间使用的安全通信机制。Web服务是基于消息传递的。多个点对点之间的安全性有一定的系统开销。WS-Security标准和WS-Security会话标准就规定了为SOAP消息提供消息级别上的安全性的框架。通过XML数字签名、XML加密和在SOAP消息中包含安全令牌,WS-Security保护并验证SOAP消息。通过WS-Security会话,可以建立和共享一个安全性。WS-Security API支持WS-Security会话和WS-Security标准。

三、服务质量

管理服务质量管理包含多个方面,如安全管理、可靠信息传递等。服务质量的范畴。有以下三个级别的服务质量。

1.不可管理、不持久

消息保存在内存中。没有事务的概念,如果在网络上丢失消息的话,允许消息的重新发送。但是,服务器的失败(如重启或崩溃)可能导致消息的丢失。

2.可管理、不持久

消息也保存在内存中。可以在一个事务中处理消息。如果在网络上丢失消息的话,允许消息的重新发送。在这个级别上,使用一个带有企业服务总线的消息引擎来管理消息的有序状态。如果消息引擎不能正常工作,那么消息也会丢失。

3.可管理、持久

消息保存在发送方和接收方的硬盘中,并具有事务的概念。也使用一个带有企业服务总线的消息引擎来管理消息的有序状态。如果服务器失败,消息也不丢失。是一个可恢复的机制。也可以实现异步服务调用。各个应用服务器专门提供了针对Web服务的质量管理(包含安全管理)。要注意的是,有些是Web应用服务器的特有功能,而不是标准的J2EE功能。策略集包含一个或多个策略,每个策略定义了所需要的服务质量要求,然后通过绑定来关联策略集到某个特定系统,从而将策略集和其绑定连接到该系统上的JAX - WS应用。

一个消息的传递可能经过防火墙和网关。通过在SOAP消息中放置XML数据来表明消息的来源端点,从而帮助系统识别消息的端点。这对于系统安全性和服务质量的保证都是很有必要的。WS - Addressing API能够支持异步消息传递。策略类型还分为应用系统上的策略类型和系统上的策略类型。另外,WSDL上有WS - Addressing元素,所以,除了使用策略集,也可以使用WSDL来启用WS - Addressing。

第六章 云计算技术在各领域中的应用

第一节 基于云计算的电商创新发展

我们生活在一个电子商务急速发展的时代，几乎所有的事情都可以通过网络的经济行为完成，这种发生在互联网、辐射到社会生活的电子交易方式活跃了新一轮的商业浪潮，也带来了新的商业变革。电子商务的自由度和灵活度是线下消费难以比拟的，对于网络安全度和性能的要求也随之提高。在这种背景下，云计算让更多消费者和商家得以享受到更大规模、安全性更高的电子商务消费，这种大数据、大虚拟和高安全的处理方式很快从一场概念炒作转换为了时间模式，促使电子商务进一步革新。本节以翔实的理论基础分析了云计算这一重要现象，并且从多角度提出电子商务在云计算环境下的发展模式和创新方案。

一、电子商务相关理论

1.电子商务的概念

电子商务顾名思义就是指在和传统形式完全不一样的以电子化手段从事的商业活动。对电子商务概念的定义，很多电子商务国际组织和研讨小组都有着不同的理解。不同的定义有千百种，但其中比较权威的定义是经济合作与发展组织（Organization for Economic Cooperation and Development, OECD）给出的定义：电子商务是指利用电子化手段从事的商业活动，它基于电子处理和信息技术，如文本、声音和图像等数据传输。主要是遵循TCP/IP协议，通信传输标准，遵循WEB信息交换标准，提供安全保密技术。如果给出一个更简单系统的定义，电子商务是指系统化地利用电子工具，高效率、低成本地从事以商品交换为中心的各种活动的全过程。

2.电子商务的新特点

电子商务从20世纪末在我国逐渐流行,从最初的线下交易性质较强的选择—汇款—发货—收获模式逐渐转化到了现在流行的B2C、C2C模式等,而在21世纪第一个十年里,云计算又成功应用于电子商务,这也为电子商务的发展带来了新的特色。基于技术和服务的云计算具有大数据、虚拟性、安全性等特点,它也影响到了电子商务。首先,电子商务变得更加灵活自由,从最初的媒体端到流行的PC端(用户电脑),电子商务又与移动互联网结合,走向了手机应用端口,更大更全面的虚拟化平台方便了实物贸易。其次,电子商务变得更加开放,云计算提供的大数据更进一步打破了地域限制,除了全国性的贸易之外,跨区域的、全球的商贸也逐渐兴起;效率更高,运营成本降低,更多的中小型企业和个人用户可以利用这一便利开设自己的电子商务网店,在激烈的竞争和网络环境下,服务态度和产品质量都得到了有效地提高。总而言之,云计算为电子商务的发展提供了保障。[①]

3.电子商务的模式

电子商务的模式按照理论一般是可以分为以下三种。

(1)企业间电子商务(B2B)。企业间的电子商务顾名思义就是在公司和公司之间发生的电子商务的交易。大部分的大宗电子商务交易都是企业间产生的,因此企业间的电子商务活动被认为是最频繁的。虽然当前的B2C模式,企业向客户直接提供销售的模式发展很迅猛,但是根据数据来看,预计企业间的商务活动仍将以三倍于B2C模式的速度发展。现实也证明了这一点,企业间电子商务活动产生的金额依然保持着绝对第一。

(2)企业与消费者间电子商务(B2C)。企业与消费者之间的电子商务是最流行的交易模式。它使企业可以直接面对客户进行销售活动,摒弃了中间的代理商和总包商,加快了交易处理速度,节省了中间人成本。而这种模式的典范就是阿里巴巴。我们不得不承认,此模式已经得到了人们的认可,发展速度迅猛。

---

①马佳琳. 电子商务云计算[M]. 北京:北京理工大学出版社,2017.

（3）消费者之间电子商务（C2C）。消费者之间的电子商务模式其实就是一个新的平台模式。买卖双方都是消费者，卖方为了能够卖出自己的商品，一定需要一个在线的交易平台提供给买方。而买方也需要这样一个来获得需要商品的信息。淘宝、ebay就是提供这样平台的最著名的企业。

二、传统电子商务的瓶颈与云计算下电子商务模式的创新

1.电子商务的现状与瓶颈

电子商务在我国已经发展十几年了，十几年中，一个新的行业方向从稚嫩走向成熟，目前它面临着发展的关键点，也遇到了一些瓶颈，归结起来，这些问题可以总结为以下三方面：首先是直接的人才瓶颈期，在我国，电子商务的迅速发展吸引了大批人才和高校开设相关专业，但是传统的知识无法面临着迅速变化的时代环境，而业务的迅速拓宽也告诉我们必须有更加综合的知识才能应对挑战。其次，电子商务的运作方在长期的价格拉锯战和宣传站中早已累积了一个致命的问题，那便是成本瓶颈，依靠高投入的方法来提高效益已经不能再走下去。最后，对于移动终端的开发不够，移动互联网上的电子商务虽已逐渐发展，支付方式也更加快捷，但是目前亟待出现一种更加完整的、协同效率更高的运作模式。

2.云计算环境下电子商务的创新模式

云计算的出现从很大程度上给了这些问题解决的方法或解决的可能，首先，从服务上看，云计算提供给终端的客户更多的硬件、软件和数据基础，从而便于他们提供更加便利的"定制服务"，根据客户的需要更加灵活调整自己的经营策略，而传统的大宗的消费如水电缴费、话费充值等也不必再用更多的处理器去按量付费，这样的创新节约了商家的服务成本。

除了服务成本的降低，云计算还改变了外包服务与电子运营的关系，加速了二者的融合。云计算作为外包服务商，而电子商务作为外包服务的客户，通过销售来将云计算提供的便利据用户的需求对其进行客制化，提供给终端的用户，实现企业的目标，这就意味着服务模式更加专业

化,毕竟外包公司——云计算平台是专业的、专项的服务提供者。云计算的出现深刻影响着电子商务的发展,潜移默化中,我们已经发现了电子商务的巨大变革,可以预计,在不久的将来,"云计算"将会为行业带来更为宝贵的财富。

3.云计算在电子商务行业的应用

云计算在电子商务行业的应用和实施是在模式建立之后更为关键的一步。在电子商务行业中,如何利用云计算解决电子商务行业的发展瓶颈,更好地为企业创造价值是一个实践性的应用难题。电子商务企业核心服务对象是客户,核心竞争力是想方设法把价值通过不同渠道传递给客户。而价值可以通过许多表现形式传递。

(1)利用云计算基础设施为电子商务行业提供数据存储服务。云计算共享的基础设施包括了大型服务器集群,这些集群由云计算提供商来维护。电子商务企业使用这些基础设施所提供的计算能力、存储能力以及应用能力,来提供业务的运行需要,也摆脱了峰值问题。因为应用程序是在云中,而不是在企业内部的计算机上运行,而云提供了几乎无限的存储容量和处理能力,所以企业不会对资源瓶颈再有忧虑,也不用担心需要投入大量资金来购买高性能的IT设备,来搭建先进的数据处理和存储服务平台满足业务需求。

就安全性来说,数据集中存储在云中,更容易实现全面的安全监控。而云计算基础设施是保证监控数据,控制安全,更改安全,物理安全等的应用实现。

(2)利用云计算平台为电子商务行业提供信息共享和业务协作。云计算平台可以提供资源信息整合共享,随需应变的业务协作和扩展给电子商务企业使用。信息共享和业务协作是电子商务企业最重要的中间环节。云计算平台如何帮助电子商务企业优化和改良信息共享和业务协作,是电子商务企业最为关心的问题。云计算的资源高度灵活性可以轻松实现电子商务企业和外部供应商、客户、政府机构之间或者企业内部之间的信息共享和业务协作。在世界上不同国家和城市的员工,可以通过云平台,随时随地查看文件、数据和订单。当有任何更新和改变时,所有的成员都可以收到即时更新的信息。没有了地域的藩篱和时区的限制,员工之间的协助会更加紧密、有效率;而电子商务企业和外部供应商、客户、政府机构的沟通依靠无所不在的云,提供着对业务的响应速度,提升了业务扩展性,并能传递价值给到外部供应商、客户、政府机构。这是基础云服务层在电子商务行业的应用目的。依靠云平台层开发的不同模块,移动电子商务也不再是梦想。所有的信息都在移动中传递,所有订单在移动中完成,这才是云计算在电子商务行业的应用。

(3)利用云计算软件为电子商务行业扩展业务和客户群。电子商务行业随着技术的变革,业务的多样性和复杂度也大大提升。客户群遍布全国乃至全世界。所有的信息都存储在软件、电脑、服务器、数据库中,它们虽然只是信息,但是信息最有价值的部门就是数据。大数据时代,电子商务行业就是与数据处理和数据挖掘结合在一起的行业。云计算软件提供了大数据整合和挖掘的功能,针对企业来说,就是提供商业智能,帮助企业决策人分析数据来做出敏捷的决定。通过云计算基础设施提供的数据存储服务,云平台构建的信息共享和业务协作平台,企业应用云层才能扩展电子商务行业业务,分析潜在客户群和客户购买规律,乃至预测更多的购买行为和喜好。应用云中的软件利用分布式的方法来进行后台的数据处理。企业应用云是云计算在电子商务行业最高层次的应用实现。

当然,不管是哪一家电子商务企业在考虑导入和应用云计算的时候,肯定要做需求分析和安全考量。通过对自己企业的角色定位,企业可以较为清晰地认清自己应该采用云计算哪个层次,云计算的哪个部署类型。不仅从技术上,更要从商务上列出自己的需求,并度量自己对云计算的接受度。

第二节 基于云计算的人工智能服务

如今,采用人工智能的企业遇到了一个主要障碍,那就是在内部开发人工智能产品成本高昂,因此有了外包人工智能产品的需求。而对于从中小企业到预算受限的大型企业来说,通过云计算来采用人工智能的成本要低得多。全球主要的云计算提供商现在提供基于云计算的人工智能产品。他们利用其专业的技术专长和雄厚的资金来提供下一代服务。人工智能服务既是硬件也是软件,但真正重要的是硬件。在定制芯片和采用通常用于图形处理和游戏的GPU作为人工智能处理器的过程中,处理器技术的指数式进步已经推动了人工智能革命。随着人工智能产品市场的扩大,所有主要的云计算提供商都推出了一定程度的人工智能服务。显然,由于从头开始构建这样一个系统的费用高昂,人工智能作为一项服务仍然一直位于行业巨头所在的领域。因此,需要对行业巨头进行深入研究。

一、IBM Cloud——最全面的人工智能软件包

2017年年底,IBM公司将其BlueMix云服务、SoftLayer数据中心和Watson AI合并为一个名为IBM Cloud的服务,该服务总共提供170多项服务。在用于人工智能服务的Watson品牌下,IBM公司提供不少于16项服务。大部分重点是分析数据、语音、文本。IBM公司拥有全球服务咨询业务,只有微软公司才能远程匹配。IBM Cloud人工智能服务从Watson Studio(IBM沃森工作室)开始,用于构建和培训人工智能模型,准备数据和对数据执行分析。这在一个集成环境中可用。对于现有数据,有沃森知识目录可以进行智能数据和分析资产发现、编目和治理,还有沃森发现可以查找连接和关系。

IBM公司已经指出,世界上只有20%的数据是可搜索的,IBM Cloud Watson对数据处理和发现的重视程度很高。这方面的一个例子是IBM Watson Services for Core ML,它允许企业构建基于人工智能的应用程序,

这些应用程序可以安全地连接到他们的数据,并在本地部署数据中心、托管数据中心或云端运行。这些应用程序利用机器学习通过每次用户交互来适应和改进。其他数据发现应用程序包括 Data Refinery,这是一种面向数据科学家、工程师和业务分析师的自助数据准备工具以及深度学习,可帮助开发人员使用神经网络设计和部署深度学习模型,轻松扩展到数百次训练。

为了构建人工智能平台,IBM 拥有沃森代理来构建和部署聊天机器人和虚拟助手,沃森物联网平台为设备注册、连接、控制、快速可视化和数据存储提供云计算托管服务。

IBM 公司在语言识别和翻译方面也很重要。Watson Speech to Text (STT)将音频和语音转换为书面文本,而 Watson Text to Speech(TTS)则相反,将书面文本转换为各种语言和语音的自然发音音频。沃森语言翻译器翻译新闻、专利或会话文档,沃森自然语言分类器解释和分类自然语言,沃森自然语言理解分析文本以从概念、实体和情感等内容中提取元数据。在更深层的一面,Watson 视觉识别可以使用机器学习对视觉内容进行标记,分类和搜索,沃森语音分析器分析书面内容中的情感和色调,沃森个性洞察通过书面文本预测个性特征、需求和价值。

二、亚马逊网络服务——为商业重新定位的消费者人工智能

亚马逊的人工智能工作分为两类:改进其 Alexa 等消费者设备和 AWS 公共云的服务。其中大部分业务的云服务实际上是建立在消费产品之上的,因此随着 Alexa 的改进,其业务也将得到改善。它们分为四大类,其中许多与消费者互动有相似之处:Amazon Lex 使用语音和文本构建用于在任何应用程序中构建会话界面的服务。它具有自动语音识别功能,可将语音转换为文本和自然语言理解,以识别文本的意图。Lex 技术现在用于 Alexa,允许开发人员创建支持自然语言的聊天机器人。如果想做相反的事情,Amazon Polly 可以将文本转换成栩栩如生的演讲语音。许多人工语音应用程序交付都很烦琐,用户可以听到拼接在一起的单词之间中断。而 Polly 使用先进的深度学习技术来合成听起来像人类自然的发音。它提供了支持实时交互式对话所需的快速响应时间。Amazon

Rekognition 可以轻松地将图像分析添加到用户的应用程序中,以检测图像中的对象、场景,或搜索和比较人脸。亚马逊公司使用此服务每天为 Prime Photos 分析数十亿张图片。通过 Rekognition API,可以轻松地在应用程序中构建可视化搜索和发现。机器学习是当今人工智能活动的先锋,但可能需要具备内部专业知识。相比之下,亚马逊机器学习提供了可视化工具和向导,可指导用户完成创建机器学习模型的过程,而无须学习复杂的机器学习算法和技术。它建立在亚马逊公司用于向购物者推荐商品的相同技术的基础上。

三、Microsoft Azure——强调开发者

微软公司将其人工智能产品分为三类:人工智能服务、人工智能工具和框架以及人工智能基础设施。与亚马逊公司一样,它的一些商业人工智能产品实际上是基于消费产品。人工智能服务分为三个小组:预先构建的人工智能功能,如 Azure 认知服务;为面向客户的应用程序(如 Web 应用程序和聊天机器人)添加智能,认知搜索将 Azure 搜索与认知服务合并;会话人工智能与 Azure Bot 使用 Azure 机器学习(AML)进行服务和自定义人工智能开发。微软公司最近更新了它的机器人框架,为开发人员创建了更丰富的对话框、完整个性和语音定制的下一代会话机器人。人工智能的工具和框架包括用于人工智能的 Visual Studio 工具、Azure 记事本、数据科学虚拟机、Azure 机器学习工作室以及用于 Azure 物联网边缘运行时间的 AI Toolkit。微软公司最近宣布开放 Azure 物联网边缘运行时间,这将允许开发人员在边缘修改和定制应用程序。到 2020 年,将采用 20 多亿个连接网络的物联网设备,这一点非常重要。Azure 物联网边缘运行时间还可以作为一个平台,从中构建 Azure 的所有新的人工智能驱动应用程序。Azure 的人工智能基础设施包括 Azure 数据服务和计算服务,包括 Azure Kubernetes 服务(AKS)和 AI Silicon 支持,包括 GPU 和 FP-GA。Azure 数据服务是 Azure 上可用的数据库,如 SQL Server、MySQL、PostgreSQL、NoSQL 和 MariaDB。KubNeNes 服务涉及流行的容器服务,它用于使现有的应用程序现代化和云启用。Silicon support 是简单的加速超越 CPU 的高性能应用程序。

四、谷歌云——由特殊人工智能处理器加速

谷歌公司的一个关键区别是TPU(张量处理单元)。这是一款专门设计用于TensorFlow的专用芯片,TensorFlow是所有主要云计算提供商提供的谷歌开源机器学习平台,但没有一个可以加速TPU。TPU比CPU或GPU快15到30倍,提供高达180teraflops的计算能力。与亚马逊和微软一样,谷歌公司已经从其面向消费者的产品中获取了人工智能,并将其提供给商业用户。谷歌计算引擎云计算产品提供了谷歌的应用程序,例如图像、翻译、收件箱(智能回复)和Android中的语音搜索背后的人工智能功能。谷歌公司的大部分人工智能产品都反映了其核心搜索能力。例如,Cloud Vision API可以识别图像中的对象、徽标和标志,特定或明确的内容,图像中的文本、可以在Web上找到类似的图像,或者检测面部和读取表情。奇怪的是,它不能提供面部识别。

同样,云计算视频智能(cloud video intelligence,API)允许用户搜索视频以查找内容,例如图像或文本。比如,它可以搜索图像以查找特定内容,并在此基础上阻止视频。DialogFlow用于构建处理客户消息、语音识别和响应的聊天机器人。它可以构建移动应用程序,消息传递服务和物联网设备之间的接口。自然语言API通过语法、实体和情感识别以及内容分类提供更深入的洞察力。

谷歌公司还有一个语音到文本API,可以实时语音转换或一百二十种语言的录音,而文字转语音API则可以从文本中产生自然的音频。Cloud Translation API提供超过一百种种语言的翻译服务,可与上述API配合使用。谷歌公司专注于机器学习,分析数据以便做出更好的决策,同时通过其Cloud ML服务为缺乏经验的人工智能开发人员提供灵活性和可访问性。开发人员可以使用谷歌公司现有的API培训高质量的机器学习模型,例如客户服务。对于更有经验的机器学习开发人员,谷歌公司提供了机器学习(ML)引擎,用于将机器学习模型投入生产,使用需要针对各种场景进行培训的TensorFlow模型。它有一个预测服务,它采用训练有素的模型并使用它们来预测新数据。

五、其他云计算人工智能提供商——特色产品

1.Oracle AI

Oracle 公司的主要支柱是它支持挖掘和提取数据的数据源。支持其数据库，MySQL 和大数据集群，如 Hadoop。它配备了流行的机器学习工具和框架来快速构建应用程序

2.Salesforce

该公司的 Einstein 人工智能平台与其他 Salesforce 云计算产品完全集成，可使用机器学习和预测分析构建应用程序，并利用其 Salesforce 数据。它用于构建聊天机器人和销售预测等应用程序。

3.百度

百度公司了也致力于制造自己的人工智能处理器，它有一个名为 Baidu Brain 的移动服务以及一个会话式人工智能操作系统 DuerOS，但这只适用于中国。[①]

第三节 云计算背景下服务外包模式

第三次工业革命时代被称为"大云平移"时代，即大数据、云计算、平台与移动互联网时代，其中尤以云计算最为抢眼。从数字技术与数字革命的角度来看，云计算将让数字科学家渗透到日常生活的每个领域，他们正面临新的挑战，不仅要描述网络用户的品位与嗜好，而且要洞悉人类不断变化的心情。云计算正在从一个热门的 IT 概念扩展为"云空间""云搜索""云浏览""云服务""云平台""云社区"等终端应用。

在云计算的平台上，一种基于云计算的新型服务外包模式——云外包正在逐渐成为服务外包领域发展的趋势，并且日益受到业界有关人士的重视。Joseph Schumpeter 认为经济创新是对经济结构的一种创造性破坏，经济创新使经济结构不断革命化、不断地破坏旧结构、不断地创造新结构。按照 Joseph Schumpeter 的观点，云计算及云外包就是第三次工业

①黄铠. 云计算系统与人工智能应用[M]. 北京:机械工业出版社,2018.

革命浪潮带来的最新的创造性破坏。本节在阐述云外包内涵的基础上，较为全面地扫描了云外包发展现状，最后展望了云外包的发展趋势，并扼要进行了相关讨论。

一、云外包的内涵

云计算旨在提高云端的大数据处理能力，指的是将各种计算本领、数据存储、网络虚拟化、电脑负载均衡等基本电脑功能与现行复杂网络技术融合在一起，借助SaaS、PaaS、IaaS等先进的商业模式为市场终端客户提供强大的数据计算、数据挖掘、数据处理等服务的一种应用计算技术，它是一个完全虚拟化的计算资源提供仓库，也是一种全新的动态计算资源提供理念。一些专家形象地把它比喻成一个大数据处理仓库，在这个大数据处理仓库中，所有的电脑都可以实行自我管理和自我维护资源功能，可以自动安装程序软件与开启响应，还可以动态地分配与再分配、部署与再部署、配置与再配置资源以及回收资源。专家将云计算界定为具有以下几个典型特征：能够自动地监控计算仓库中各种资源，并根据设定的程序自动地分配资源；用户可通过真实的界面操作虚拟的计算资源，简单而有效；管理成本较低，而且当扩展的架构另外新增资源时，需要额外增加的管理费用极少；计算资源数据库中可以共享计算资源，而且完全按照用户需求将资源分配与再分配等；各种电脑可以兼容应用，而且同时支持个体消费者以及市场大型商业应用。

"云外包"是一种基于云计算资源与平台的新型服务外包模式，由软件云、平台云、设施云及处于云端的各种终端服务组成。有些人认为云外包模式应该包括三个基本层面：一是基于云平台的外包服务，即云计算+SaaS软件服务云模式。二是基于云模式的外包，即云计算+PaaS的平台服务云模式。三是基于云理念的外包，即云计算+IaaS设施服务云模式。综上所述：云外包=(SaaS+PaaS+IaaS)×服务。一般来说，云外包的基本服务对象可分为服务云、运营云与行业云三类。服务云即大众化云模式的外包服务，可为普通大众用户提供基于云计算资源平台的较为完整的应用外包服务。运营云即企业私有化云模式外包服务，主要针对一些企业内部提供基于云计算资源平台的具体外包服务。行业云为上述两者云外包模式结合的外包服务,即既可对行业内部提供全线资源整合的云外包服务,又可对行业外部提供全部流程的云外包服务。

二、云外包的发展现状

服务外包3.0时代被称为云外包时代。云外包领域的先行者有Amazon、Google、IBM、Microsoft、Yahoo、Salesforce、Facebook、Youtube、Myspace等众多知名公司。Amazon利用EC2与S3等技术为用户提供云外包服务。Google推出GDrive为用户提供最新云外包服务,另外其搜索引擎有超过100万台服务器构建了云计算资源仓库,为用户源源不断地24小时提供云服务。IBM为用户提供蓝云计算平台服务。Microsoft推出SkyBox、SkyLine、SkyMarket等云外包服务。

人们习以为常的理论与概念将会被新的云服务模式改变。基于云计算平台的云外包已经悄然改变着我们的日常生活。比如一些业务从传统的收费模式到现行的免费模式的改变。现在免费模式在一些平台行业已成为一种普遍现象。银行、软件科技公司、移动通信公司、第三方互联网支付公司等提供的云服务包括交易平台服务、媒体平台服务、支付平台服务、软件平台服务等,他们通过免费模式吸引着大量顾客,为企业其他的业务争取到了难以想象的消费群体。数字技术与互联网时代决定着云外包业务将走入一个快速发展的飞跃时期。[①]

三、云外包的发展趋势

第三次工业革命下的云外包将使得企业虚拟化成为常态。这些企业通过云外包一方面将非核心业务向全球进行发包;另一方面通过外包云与众包获得专业化资源服务。在云外包模式下,企业将服务部署在云端,不论是信息技术外包(information technology outsourcing,ITO)、业务流程外包(business process outsourcing,BPO)、知识流程外包(knowledge process outsourcing,KPO)等都可利用云外包平台为用户提供个性化服务。

未来的云外包发展趋势可能集中在以下四个方面:第一,SaaS模式云外包服务将通过专业化的云平台为用户提供零公里对接服务,它改变了

①顾祎暅,戴军. 基于云计算平台的新型服务外包模式——云外包的现状、理论及趋势[J]. 商业时代,2013(35):63-65.

传统意义上的人力资源外包、行政实务外包、金融财务外包等业务外包模式，提供即需即用式的基于流程开发与应用外包的云服务。第二，PaaS模式云外包服务将通过专业化的云数据程序开发为用户提供互动式服务，它改变了传统意义上的软件开发外包、软件测试与维护外包等业务外包模式，提供协同式的基于数据挖掘、数据处理与数据管理外包的云服务。第三，IaaS模式云外包服务将通过大型服务器、存储器等为用户提供基础性服务，它改变了传统意义上的IT基础设施服务外包、IT技术服务外包等业务外包模式，提供基于硬件网络与远程基础设施虚拟管理外包的云服务。第四，在云外包模式下，全球若干企业或是个人都可挤进云服务的快车道，他们将一起为云用户提供云服务与创造云价值，这改变了传统意义上的单一主体接包与发包模式，提供基于全球无边界的爆炸式众包模式云服务。

综上所述，"云"的出现创造了一种新的服务外包模式——云外包模式，这种基于云计算平台的新型服务外包模式将成为引领服务经济时代的流行工具，成为深受用户喜爱的价值创造的日常手段。不过需要注意的是，在全球一片"云"笼罩之下，企业必须要有清醒的认识，那就是云外包模式还不十分成熟，尚存在不少问题亟待确认与解决，主要问题如下：第一，在云外包模式下，企业经营与管理者们的传统理念是否已经转变为云理念，能否对传统服务与云服务结合的IT环境进行协调管理。第二，在云外包模式下，各云服务提供商能否提供规范的云外包服务，云服务提供商原先的传统系统能否适应现行的大数据云平台，能否承受海量数据存储与海量信息备份的压力。第三，由于云的边界是动态变化的，甚至是无界的，随着数据在云中的飘忽迁移，安全方案必须相应地动态与虚拟，即实现按需安全，因此迫切要求建立一套新的共享资源的安全方法。第四，云外包的服务性能依赖于延伸服务链中的每一个组成部分，包括数据仓库、虚拟网络、其他云服务提供商、用户终端硬软件设备等，这根链条是否动态兼容与匹配。第五，在云外包模式下，世界已经是平的，那么云端的知识产权保护与信息安全管理措施能否跟上，用户的云平台上的数据能否得到保密，万一信息泄露如何更快更好地处置等。

　　此外,云外包发展还面临着两个关键制约瓶颈:一是云数据使用主权。二是云用户能动性。云数据使用主权包括用户对云数据的处理权甚至涉及国家信息安全,单靠云计算技术不能解决云数据使用主权问题,还需要配套制订相关的法律法规与政策以及建立云用户和云服务提供商之间的信任。还有一个就是云用户的能动性,在云环境中,用户使用的云计算仓库的资源与数据,都是高度自动化的,云计算仓库会对资源与数据进行动态配置与部署,时间一久会逐渐降低云用户的能动性,甚至可能会影响到人口的综合素养与国家的经济发展。

　　最后需要注意的是,学术界对云外包的研究还处于原始的摸索阶段,鉴于缺少对云外包的产生机制、动因与相关绩效的定量分析,特别是云外包的契约关系、云外包的规章制度、云外包的知识产权、云外包的信息安全与云外包模式的综合管理等研究还处于真空状态。未来进一步的研究将会从这几方面有序展开。

参考文献
REFERENCES

[1]陈红松.云计算与物联网信息融合[M].北京:清华大学出版社, 2017.

[2]高登.云计算与Hadoop应用技术研究[M].长春:吉林大学出版社,2017.

[3]顾祎晛,戴军.基于云计算平台的新型服务外包模式——云外包的现状、理论及趋势[J].商业时代,2013(35):63-65.

[4]过敏意.云计算原理与实践[M].北京:机械工业出版社,2017.

[5]侯莉莎.云计算与物联网技术[M].成都:电子科技大学出版社, 2017.

[6]黄铠.云计算系统与人工智能应用[M].北京:机械工业出版社, 2018.

[7]黄勤龙,杨义先.云计算数据安全[M].北京:北京邮电大学出版社,2018.

[8]李伯虎.云计算导论[M].北京:机械工业出版社,2018.

[9]李天目.云计算技术架构与实践[M].北京:清华大学出版社, 2014.

[10]林伟伟,刘波.分布式计算、云计算与大数据[M].北京:机械工业出版社,2015.

[11]刘黎明,杨晶.云计算应用基础[M].成都:西南交通大学出版社,2015.

[12]陆平.云计算基础架构及关键应用[M].北京:机械工业出版社, 2016.

[13]马佳琳.电子商务云计算[M].北京:北京理工大学出版社,2017.

[14]卿昱.云计算安全技术[M].北京:国防工业出版社,2016.

[15]唐国纯.云计算及应用[M].北京:清华大学出版社,2015.

[16]陶皖.云计算与大数据[M].西安:西安电子科技大学出版社,2017.

[17]杨正洪,周发武.云计算和物联网[M].北京:清华大学出版社,2011.

[18]杨众杰.云计算与物联网[M].北京:中国纺织出版社,2018.

[19]余来文,封智勇,林晓伟.互联网思维:云计算、物联网、大数据[M].北京:经济管理出版社,2014.

[20]朱义勇.云计算架构与应用[M].广州:华南理工大学出版社,2017.